写给程序员的
Python 教程

THE PYTHON
APPRENTICE

[挪] 罗伯特·斯莫尔希雷 (Robert Smallshire)

[美] 奥斯汀·宾厄姆 (Austin Bingham)

著

阿信

译

人民邮电出版社

北 京

图书在版编目（CIP）数据

写给程序员的Python教程 / （挪威）罗伯特·斯莫尔
希雷（Robert Smallshire），（美）奥斯汀·宾厄姆
（Austin Bingham）著；阿信译. -- 北京：人民邮电出
版社，2020.7
ISBN 978-7-115-50538-5

Ⅰ. ①写… Ⅱ. ①罗… ②奥… ③阿… Ⅲ. ①软件工
具－程序设计－教材 Ⅳ. ①TP311.561

中国版本图书馆CIP数据核字(2019)第000682号

◆ 著　　[挪] 罗伯特·斯莫尔希雷（Robert Smallshire）
　　　　[美] 奥斯汀·宾厄姆（Austin Bingham）
　　译　　阿 信
　　责任编辑　武晓燕
　　责任印制　王 郁　焦志炜
◆ 人民邮电出版社出版发行　　北京市丰台区成寿寺路 11 号
　　邮编　100164　　电子邮件　315@ptpress.com.cn
　　网址　https://www.ptpress.com.cn
　　三河市君旺印务有限公司印刷
◆ 开本：800×1000　1/16
　　印张：19.75
　　字数：319 千字　　　　　　　2020 年 7 月第 1 版
　　印数：1－2 000 册　　　　　2020 年 7 月河北第 1 次印刷
　　著作权合同登记号　图字：01-2017-9027 号

定价：79.00 元
读者服务热线：(010)81055410　印装质量热线：(010)81055316
反盗版热线：(010)81055315
广告经营许可证：京东市监广登字 20170147 号

内容提要

Python 语言具有免费开源、简单易学、可移植性和解释性强、可扩展可嵌入等优点，在国内外都得到了广泛的应用。

本书基于 Python 3 的版本进行讲解。本书共有 11 章，由浅入深地讲解了 Python 的相关知识。本书从 Python 的安装开始讲起，对数据类型、函数、内置类型、集合类型、异常、生成器、文件和资源管理、单元测试等重要知识进行了系统化的讲解。

本书适合想要进一步提高自身 Python 编程技能的读者阅读，也适合对 Python 编程感兴趣的读者参考学习。

作者简介

罗伯特·斯莫尔希雷（Robert Smallshire）是 Sixty North 的创始人之一。Sixty North 是挪威的一家软件咨询和培训公司，该公司服务于整个欧洲，并且该公司主要使用 Python 工作。Robert 从事高级架构和技术管理方面的工作，曾为多家软件公司提供能源领域的工具。他对尖端科学和企业级软件有着深刻的理解，并且在这些领域设计、倡导并实现了高效的软件架构。他主要使用 Python、C++、C#、F#以及 JavaScript。Robert 经常在技术大会、聚会和企业软件活动中发表演讲，而且主题多种多样，主要有软件开发中的行为微观经济学和在 8 位微控制器上实现 Web 服务等。他是奥斯陆 Python 小组的组织者，并且拥有自然科学的博士学位。

奥斯汀·宾厄姆（Austin Bingham）也是 Sixty North 的创始人之一。Austin 出生于得克萨斯州，2008 年移居挪威斯塔万格，在那里他使用 C++和 Python 开发了业界领先的原油储藏建模软件。在此之前，他曾在美国国家仪器公司开发 LabVIEW，在得克萨斯大学奥斯汀分校的应用研究实验室（Applied Research Labs）为美国海军和一些电信公司开发声呐系统。他是一位经验丰富的主持人和教师，曾在众多会议、软件组织和企业内部场所发表过演讲。Austin 还是开源社区的活跃成员，定期为各种 Python 和 Emacs 项目贡献智慧。他还是斯塔万格软件开发联盟（Stavanger Software Developers）的创始人。斯塔万格软件开发联盟是斯塔万格最大、最活跃的社交软件开发组织之一。Austin 拥有得克萨斯大学奥斯汀分校计算机工程硕士学位。

前言

欢迎阅读本书！本书的目的是为你提供 Python 编程语言实用且深入的介绍，使你具备几乎所有 Python 项目中高效开发者所需的工具和洞察力。Python 是一门内容丰富且精深的语言。本书不打算覆盖 Python 所有的知识。相反，本书希望帮助你打下扎实的基础，带你进入眼花缭乱的 Python 世界，并让你具备自我继续学习的能力。

本书主要适合那些使用其他语言编程的读者阅读。如果你目前正在使用 C++、C#或 Java 等主流的命令式或面向对象的语言编程，那么你可以充分利用本书。如果你有其他类型语言的经验——例如函数式或基于 ACTOR 模型的语言，那么你的 Python 学习曲线可能有点陡峭，但是你不会遇到较大的困难。大多数程序员都认为 Python 非常通俗易懂，只需稍微练习一下就可以很快地熟悉它。

如果你没有任何编程经验，阅读本书可能会有点困难。通过本书，你不仅可以学习编程语言，还可以学习到许多语言的常见知识。公平起见，本书不会花很多时间来解释这些"假定知识"的领域。**这并不意味着你无法学习本书**！这只是意味着你可能需要更加努力，反复阅读一些章节，或者可能需要寻求他人的指导。然而，这些努力会让你有所收获，你将开始拥有掌握其他语言的技能，这是专业程序员的一项关键技能。

在第 1 章中，我们将快速浏览 Python 语言。我们将介绍 Python 是什么（提示：它不仅仅是一门语言），了解它是如何工作的以及它是如何被开发的，并且感受一下它为什么吸引了如此多的程序员使用。我们还会简要介绍一下本书其余部分的结构。

Python 推广

    Python 的优势何在？为什么要学习它？这些问题已经有了很多好的答案。Python 是强大的。Python 语言具有很强的表现力和生产力，它自带了一套很棒的标准库，它也是庞大的第三方库世界的中心。使用 Python，你可以构建很多内容，从简单的脚本到复杂的应用程序，你都可以快速地完成、安全地执行，并且代码的行数可能要比你想象中的要少。

    但这仅仅是 Python 强大之处的一部分。Python 是开源的，所以，只要你需要，你就可以了解它的每个方面。与此同时，Python 也是非常受欢迎的。当你遇到麻烦时，Python 有一个很好的社区来支持你。这种开放性和大型用户群的组合意味着几乎任何人——从业余程序员到专业软件开发人员，都可以在所需的层面上与语言交互。

    得益于 Python 庞大的用户群，Python 在越来越多的领域崭露头角。你可能正想要简单地了解一下 Python，因为它是你想要使用的一些技术的编程语言。这并不奇怪，世界上许多流行的网络和科学软件包都是用 Python 编写的。

    但是对于很多人来说，这些原因比很多重要的事情要优先：Python 很有趣！Python 的表现力、可读性、快速编辑和运行的开发周期以及“内置电池”的理念意味着你可以享受编写代码，而不必纠结于编译器和棘手的语法，并且 Python 会与你一起成长。随着你的实验成为原型，原型成为产品，Python 使你编写软件的体验不仅是容易，你会真正地感到愉快。

    用 Randall Munroe 的话来说：“加入我们！编程很有趣！”

概述

    本书共有 11 章。这些章节互相联系，所以除非你曾经接触过 Python，否则你需要按照顺序进行阅读。本书将从指导你安装 Python 开始。

    然后，本书将介绍语言元素、特性、惯用句法和库，所有这些都由可运行的示例驱动，你可以跟着本书一起构建。我们坚信，自己动手实践得到的收获远远大于单纯的阅读，因此我们鼓励你自己运行示例。

在本书的最后，你将了解 Python 语言的基础知识。你还将了解如何使用第三方库，并且你将了解自己开发第三方库所需要的基础知识。本书也会涵盖测试的基础知识，所以你可以确保并维护你所开发的代码的质量。

本书主要内容如下。

第 1 章，入门。我们将安装 Python，了解一些基本的 Python 工具，同时本章也会涵盖语言和语法的核心元素。

第 2 章，字符串与集合类型。本章介绍了一些基本的数据类型：字符串、字节序列、列表和字典。

第 3 章，模块化。本章讲解 Python 中用于组织代码的工具，如函数和模块。

第 4 章，内置类型和对象模型。在本章，我们将详细学习 Python 的类型系统和对象系统，还将深入介绍 Python 的引用语义。

第 5 章，探究内置集合类型。在本章，我们将深入了解一些 Python 集合类型，并且会介绍一些相关内容。

第 6 章，异常。在本章，我们将学习 Python 的异常处理系统以及异常在语言中的核心作用。

第 7 章，推导、可迭代与生成器。在本章，我们将探索 Python 中优雅、普遍且强大的面向序列的部分内容，如推导和生成器函数。

第 8 章，使用类定义新类型。本章将讲解如何使用类来开发你自己的复杂数据类型，以支持面向对象编程。

第 9 章，文件和资源管理。在本章，我们将了解如何在 Python 中操作文件，并将介绍 Python 中的资源管理的工具。

第 10 章，使用 Python 库进行单元测试。在本章，我们将向你展示如何使用 Python 的 unittest 软件包编写符合预期的无缺陷代码。

第 11 章，使用 PDB 进行调试。在本章，我们将向你展示如何使用 Python 的 PDB 调试器来排查程序中出现的问题。

什么是 Python

它是一门编程语言

Python 是什么呢？简单地说，Python 是一门编程语言。它最初由 Guido van Rossum 于 20 世纪 80 年代末开发。Guido 继续积极参与并指导了语言的发展和演变，以至于他获得了"仁慈的独裁者（Benevolent Dictator for Life，BDFL）"的称号。

Python 是一个开源项目，你可以随意下载和使用。

非营利性 Python 软件基金会管理 Python 的知识产权，该组织在促进语言发展方面发挥着重要作用，并在某些情况下资助 Python 开发。

在技术层面上，Python 是一门强类型的语言。这意味着语言中的每个对象都有一个确定的类型，通常没有办法规避该类型。同时，Python 是动态类型的，这意味着在运行代码之前，程序员无须对代码进行类型检查。这与静态类型的语言（如 C++或 Java）相反，编译器为你进行了大量的类型检查，拒绝了滥用对象的程序。最终，Python 使用鸭子类型，这是对 Python 类型系统的最贴切的描述，其中对象对上下文的适用性仅在运行时确定。我们将在第 8 章中更详细地介绍这一点。

Python 是一门通用编程语言。它不受限于任何特定的域或环境，可以有效地用于各种各样的任务。当然还有一些领域，相比其他语言，Python 不太适合，例如在极端的时间敏感或内存受限的环境中。但是在大多数情况下，Python 与许多现代编程语言一样灵活且可适应，甚至比大多数语言可能还要更好。

Python 是一门解释型语言。在技术上这样说可能有点错误，因为 Python 在执行之前通常被编译成特定格式的字节码。但是，这个编译是不可见的，在使用 Python 时，程序通常是立即执行代码，而没有明显的编译阶段。编辑和运行之间没有中断，是使用 Python

的好兆头之一。

Python 的语法清晰、易读，并且富有表现力。与许多流行的语言不同，Python 使用空格来分隔代码块，并且在执行通用布局的过程中，会消除不必要的括号。这意味着所有 Python 代码看起来都相似，你可以很快地学会阅读 Python。与此同时，Python 的表达式语法意味着你可以在单行代码中获得很多信息。这种富有表现力且高可读性的代码意味着 Python 代码的维护比较容易。

Python 语言有多种实现。最初的并且仍然是最常见的实现是用 C 编写的。这个版本通常被称为 CPython。当有人谈论"运行 Python"时，可以基本确定他们是在讨论 CPython，这也是我们将要在本书中使用的实现。

Python 的其他实现：

● Jython，编写运行于 Java 虚拟机之上的代码；

● IronPython，编写运行于.Net 平台之上的代码；

● PyPy，用一种名为 RPython 的语言来编写，它是为开发动态语言（如 Python）而设计的。

这些实现通常落后于 CPython，CPython 被认为是 Python 语言的"标准"。在本书中你学到的大部分内容适用于所有这些实现。

Python 语言的版本

现在，有两种重要的 Python 语言版本被使用：Python 2 和 Python 3。这两个版本代表了 Python 语言的一些关键元素的变化，而针对一个版本编写的代码通常不适用于另外一个版本，除非你采取了特殊的预防措施。Python 2 比 Python 3 更古老、更成熟，但 Python 3 解决了旧版本中的一些已知的缺点。Python 3 是 Python 的明确未来，你应该尽可能地使用它。

虽然 Python 2 和 Python 3 之间存在一些关键的区别，但两个版本的大部分基本原理是一样的。如果你学习了一个版本，那么你所知道的大部分知识都适用于另一个版本。在本书中，我们将学习 Python 3，但是我们会在必要时指出 Python 2 和 Python 3 之间的重要区别。

它是一个标准库

除了作为一种编程语言，Python 还提供了一个功能强大且用途广泛的标准库。"内置电池（batteries included）"是 Python 哲学的一部分，这意味着你可以将 Python 立即用于现实世界中的许多复杂的任务，而无须安装第三方软件包。这不仅非常方便，而且意味着通过使用有趣的例子来开始学习 Python 是比较容易的——这也是本书的目标！

"内置电池"方法的另一个重要影响是，这意味着许多脚本甚至是一些复杂的脚本，都可以在任何安装了 Python 的系统上立即运行。这样可以清除一个常见的烦人障碍，即安装软件，你在使用其他语言时可能会面临这个问题。

标准库通常具有高水平的文档。这些 API 有很好的文档，并且模块通常具有良好的叙述性说明文档，包括快速入门指南、最佳实践信息等。网上也提供了标准库文档，如果你需要，也可以将它安装在本地。

由于标准库是 Python 的重要组成部分，我们将在本书中介绍其中的部分内容。本书仅仅是涉猎了其中的一小部分，我们鼓励你自己去进行探索。

它是一门哲学

最后，上面提到的那些关于 Python 的介绍都是不完整的，对许多人来说，Python 代表了编写代码的哲学。清晰和易读的原则是编写正确或 Python 化的代码的一部分。Python 社区关心的是简单性、可读性和明确性等问题，这意味着 Python 代码往往更加优雅！

许多 Python 的原则都体现在所谓的 Python 之禅中。"禅"不是一套硬性的规定，而是一组在编写代码时应该铭记于心的指南或者准则。当你发现自己试图在几个行动方案之间做出决定时，这些原则往往会给你一个正确的方向。我们将在本书中突出"Python 之禅"中的元素。

千里之行

Python 是一门伟大的语言，我们很高兴能帮助你开始使用它。当你读完本书的时候，你将能够编写大量的 Python 程序，并且将能够阅读更复杂的 Python 程序。更重要的是，你将拥有牢固的 Python 基础，并了解该语言中的更高级的主题，希望本书能够真正做到让你对 Python 充满激情。Python 是一门大型语言，其内置以及周边构成了庞大的软件生态系统，它提供了一场真正可以探索一切的冒险之旅。

欢迎来到 Python！

现在，越来越多的项目在开发之初就支持 Python3，甚至只支持 Python3。

这本书的诞生之路有些曲折。2013 年，当我们整合了挪威的软件咨询和培训业务的 Sixty North 公司时，我们受到 Pluralsight（一家在线视频培训材料出版商）的邀请，为快速增长的 MOOC 市场制作 Python 培训视频。当时，我们没有制作视频培训材料的经验，但我们相信自己肯定能做好。考虑到某些限制，我们希望认真且谨慎地构思 Python 的介绍性内容。例如，我们希望只用很少的前向引用，因为这些对读者来说是非常不方便的。我们都深信图灵奖获得者 Leslie Lamport 的那句格言——"如果你只想不干，那你也仅仅是在空想"。因此，我们自然而然地首先为视频课程产品编写了一个脚本。

很快，我们编写、录制好了在线视频教程——Python 基础，并且由 Pluralsight 发布，该课程持续多年广受好评。从一开始，我们就认定以这些脚本为基础可以编写出一本书，不过可以很公正地说，我们低估了将脚本中的内容转换成一本好书所需的努力。

本书就是转化的成果。它可以用作独立的 Python 教程，也可以作为我们的视频课程的辅助工具，这具体取决于最适合你的学习方式。本书是三部曲中的第一本，该系列还包括 *The Python Journeyman* 和 *The Python Master*。后两本书对应于我们以后的 Pluralsight 课程 Python–Beyond the Basics 和 Advanced Python。（即将推出！）

勘误表与建议

本书的全部内容已经经过了全面的检查和测试，尽管如此，有些错误可能也无法避免。如果你发现了错误，那你可以通过 Leanpub 网站上的本书的讨论页面告知我们，这样我们可以修改并部署新版本，对此，我们由衷地表示感谢。

本书的排版约定

本书中的代码示例以以下字体显示：

```
>>> def square(x):
...     return x * x
...
```

一些实例代码保存在文件中，其他的例如上面的代码来自于交互式 Python 会话。在这种交互的情况下，我们会包含 Python 会话中的提示，如三箭头>>>和三点...提示。你不需要键入这些箭头或点。同样，对于操作系统的 shell 命令，在 Linux、macOS、类 UNIX 系统以及一些对于手头的任务不重要的特定操作系统上，我们将使用一个提示符$（字体原因，导致全书字形有异）：

```
$ python3 words.py
```

在这种情况下，你无须输入$字符。

对于特定的 Windows 命令，我们将在最前面使用一个大于号提示：

```
> python words.py
```

同样，这里不需要输入>字符。对于需要放置在文件中，而不是以交互方式输入的代码块，我们将不加任何前置提示，直接显示代码：

```
def write_sequence(filename, num):
    """将 Recaman 序列写入文本文件"""
    with open(filename, mode='wt', encoding='utf-8') as f:
        f.writelines("{0}\n".format(r)
            for r in islice(sequence(), num + 1))
```

我们努力确保书中的代码行足够短，以便每个逻辑代码行对应于书中的单一实体代码行。然而，发布到不同设备上的电子书的格式可能变幻莫测，并且偶尔的长行代码也是有必要的，这意味着我们不能保证代码不换行。

```
>>> print("This is a single line of code which is very long. Too long, in
fact, to fit on a single physical line of code in the book.")
```

如果在上面引用的字符串中的行末尾看到一个反斜杠，它不是代码的一部分，不应该输入。

偶尔，我们也会为代码行编号，便于我们可以从下面的叙述中轻松地引用它们。这些行号不应作为代码的一部分输入。编号的代码块如下所示：

```
01.  def write_grayscale(filename, pixels):
02.      height = len(pixels)
03.      width = len(pixels[0])
04.
05.      with open(filename, 'wb') as bmp:
06.          # BMP 文件头
07.          bmp.write(b'BM')
08.          # 接下来的 4 个字节将作为 32 位的小端整数保存文件大小
09.          # 现在用零占位
10.          size_bookmark = bmp.tell()
11.          bmp.write(b'\x00\x00\x00\x00')
```

有时候，我们需要展示不完整的代码段。向现有代码块添加代码，或者说想让代码块的结构更清晰而不重复代码块中的所有存在的内容时，可以展示不完整的代码段。在这种情况下，我们使用 # ...的 Python 注释来表示省略的代码：

```
class Flight:
    # ...
    def make_boarding_cards(self, card_printer):
        for passenger, seat in sorted(self._passenger_seats()):
            card_printer(passenger, seat, self.number(),
                self.aircraft_model())
```

这意味着在 make_boarding_cards()函数之前，Flight 类块中已经存在一些其他的代码了。

最后，在本书中，我们将使用带有空括号的标识符来引用一个函数的标识符，就像前面段落中引用 make_boarding_cards()一样。

资源与支持

本书由异步社区出品，社区（https://www.epubit.com/）为您提供相关资源和后续服务。

配套资源

本书提供如下资源：

- 本书源代码。

要获得以上配套资源，请在异步社区本书页面中点击 [配套资源]，跳转到下载界面，按提示进行操作即可。

提交勘误

作者和编辑尽最大努力来确保书中内容的准确性，但难免会存在疏漏。欢迎您将发现的问题反馈给我们，帮助我们提升图书的质量。

当您发现错误时，请登录异步社区，按书名搜索，进入本书页面，点击"提交勘误"，输入勘误信息，单击"提交"按钮即可。本书的作者和编辑会对您提交的勘误进行审核，确认并接受后，您将获赠异步社区的 100 积分。积分可用于在异步社区兑换优惠券、样书或奖品。

扫码关注本书

扫描下方二维码,您将会在异步社区微信服务号中看到本书信息及相关的服务提示。

与我们联系

我们的联系邮箱是 contact@epubit.com.cn。

如果您对本书有任何疑问或建议,请您发邮件给我们,并请在邮件标题中注明本书书名,以便我们更高效地做出反馈。

如果您有兴趣出版图书、录制教学视频,或者参与图书翻译、技术审校等工作,可以发邮件给我们;有意出版图书的作者也可以到异步社区在线提交投稿(直接访问 www.epubit.com/ selfpublish/submission 即可)。

如果您是学校、培训机构或企业,想批量购买本书或异步社区出版的其他图书,也可以发邮件给我们。

如果您在网上发现有针对异步社区出品图书的各种形式的盗版行为,包括对图书全部或部分内容的非授权传播,请您将怀疑有侵权行为的链接发邮件给我们。您的这一举动是对作者权益的保护,也是我们持续为您提供有价值的内容的动力之源。

关于异步社区和异步图书

"**异步社区**"是人民邮电出版社旗下 IT 专业图书社区,致力于出版精品 IT 技术图书和相关学习产品,为作译者提供优质出版服务。异步社区创办于 2015 年 8 月,提供大量精品 IT 技术图书和电子书,以及高品质技术文章和视频课程。更多详情请访问异步社区官网 https://www.epubit.com。

"**异步图书**"是由异步社区编辑团队策划出版的精品 IT 专业图书的品牌,依托于人民邮电出版社近 30 年的计算机图书出版积累和专业编辑团队,相关图书在封面上印有异步图书的 LOGO。异步图书的出版领域包括软件开发、大数据、AI、测试、前端、网络技术等。

异步社区

微信服务号

目录

第 1 章
入门

在本章中，我们将介绍如何在 Windows、Ubuntu Linux 和 macOS 系统上获取并安装 Python。我们还将编写我们的第一个基本的 Python 代码，并熟悉主要的 Python 编程文化，比如 Python 之禅，同时还会讲解语言名称有趣的起源。

1.1　获取并安装 Python 3

Python 语言有两个主要版本，Python 2 是被广泛部署的遗留版本，而现存的 Python 3 则是 Python 语言的未来。许多 Python 代码同时兼容最后的 Python 2 版本以及最新的 Python 3 版本。然而，Python 的主要版本之间存在着一些关键的区别，严格来说它们是不兼容的。我们将在本书中使用 Python 3.5，但是将指出它与 Python 2 的关键区别。这是一本关于 Python 基础知识的书，我们所提供的一切将适用于 Python 3 的未来版本，不要害怕尝试 Python 版本，因为它们都是可用的。

在开始使用 Python 语言进行编程之前，我们需要了解 Python 环境。Python 是一种高度可移植的语言，它可以运行在所有主流的操作系统上。你可以在 Windows、Mac 或 Linux 上学习本书。接下来就要讲解与平台相关的主要内容——Python 3 的安装，你可以自由跳过你不感兴趣的部分。

1.1.1 Windows

在 Windows 平台上安装 Python 3 的执行步骤如下。

（1）对于 Windows 系统，你需要访问 Python 的官方网站，并单击左侧的链接进入下载页面。然后选择其中一个 MSI 安装程序[①]，这具体取决你运行的是 32 位还是 64 位系统。

（2）下载并运行安装程序。

（3）在安装程序的过程中，选择是否只为自己安装 Python，或者为自己机器上的所有用户安装 Python。

（4）选择 Python 发行版的安装位置。默认安装在 C:\Python35 目录下。我们不建议将 Python 安装到 Program Files 文件夹中，因为在 Windows Vista 及更高版本中用于将应用程序彼此隔离的虚拟化文件存储库可能会干扰第三方 Python 软件包的安装。

（5）在安装向导的自定义 Python 页面上，我们建议保留默认值，该默认值使用不到 40MB 的空间。

（6）除了安装 Python 运行时和标准库之外，安装程序还将使用 Python 解释器来注册各种文件类型，例如*.py 文件。

（7）一旦安装了 Python，你需要将 Python 添加到系统的 PATH 环境变量中。具体方法为：从"控制面板"中选择"系统和安全"，然后选择"系统"。另一种快捷的访问方法是按住 Windows 键，然后按键盘上的 Break 键。使用左侧的任务窗格选择"高级系统设置"以打开"系统属性"对话框的"高级"选项卡。然后单击环境变量打开子对话框。

（8）如果你拥有管理员权限，你应该可以将路径 C:\Python35 和 C:\Python35\Scripts 添加到与 PATH 系统变量相关联的、以分号分隔的项目列表中。如果没有，你应该能够为特定的用户创建或附加包含相同值的 PATH 变量。

---

① 不同的 Python 版本提供的安装程序可能有差别，你也可以下载 EXE 安装程序，请根据 Python 官网的实际情况选择。——译者注

（9）现在打开一个新的控制台窗口——Powershell 或者 cmd，它们可以正常工作，然后你可以在命令行中运行 python 以进行验证：

```
> python
Python 3.5.0 (v3.5.0:374f501f4567, Sep 13 2015, 02:27:37) [MSC v.1900 64bit
(AMD64)] on win32
Type "help", "copyright", "credits" or "license" for more information.
>>>
```

欢迎来到 Python！

三箭头提示（>>>）表明 Python 正在等待你的输入。

此时，你可能想跳过这一部分。接下来我们将展示如何在 Mac 和 Linux 上安装 Python。

1.1.2 macOS

在 macOS 平台上安装 Python 的步骤如下。

（1）对于 macOS，你需要访问 Python 的官方网站 ，然后单击左侧的链接进入下载页面。找到匹配你的系统版本的安装程序，单击链接并下载它。

（2）下载一个 DMG 磁盘映像文件，你可以从你的 Downloads stack 或 Finder 中打开它。

（3）在打开的 Finder 窗口中，你可以看到 Python.mpkg 安装程序文件。使用"辅助"功能单击以打开该文件的上下文菜单。从该菜单中，选择"打开"。

（4）在某些版本的 macOS 上，你会收到"该文件来自不明身份的开发人员"的提示。单击此对话框上的"打开"按钮继续安装。

（5）现在已经进入 Python 安装程序中。按照向导提示进行操作。

（6）无须自定义安装，应该保持默认设置。当安装程序可用时，单击"安装"按钮安装 Python。程序可能会要求你输入密码以授权进行安装。安装完成后，单击"关闭"按钮以关闭安装程序。

现在 Python 3 已安装成功。打开一个终端窗口，你可以在命令行里运行 python 进行验证：

```
> python
Python 3.5.0 (v3.5.0:374f501f4567, Sep 13 2015, 02:27:37) [MSC v.1900 64bit
(AMD64)] on win32
Type "help", "copyright", "credits" or "license" for more information.
>>>
```

欢迎来到 Python！

三箭头提示表明 Python 正在等待你的输入。

1.1.3　Linux

在 Linux 平台上安装 Python 的步骤如下。

（1）要在 Linux 上安装 Python，你可以使用系统的软件包管理器。我们将展示如何在最新版本的 Ubuntu 上安装 Python[①]，在大多数其他现代 Linux 发行版中，安装过程非常相似。

（2）在 Ubuntu 上，首先启动 Ubuntu 软件中心，通常可以通过单击启动器中的图标来运行。或者，你可以在 Dashboard 上搜索 Ubuntu 软件中心然后单击运行它。

（3）进入软件中心后，在右上角的搜索栏中输入搜索词"python 3.5"，然后按回车键。

（4）搜索结果中有这样一条：Python (v3.5) with Python Interpreter (v3.5)，在页面下面以小字体显示。选择此条目，然后单击出现的"安装"按钮。

（5）此时你可能需要输入密码才能安装软件。

（6）你现在应该看到了进度指示器，安装完成后它将消失。

打开终端（使用 Ctrl+Alt+T 组合键），然后你可以在命令行中运行 python 3.5 进行验证：

```
$ python3.5
Python 3.5.0+ (default, Oct 11 2015, 09:05:38)
[GCC 5.2.1 20151010] on linux
```

---

① 很多 Linux 系统都自带了 Python 而无须单独安装，但是系统自带的 Python 版本各有差别，而且修改系统自带的 Python 版本可能会影响系统的使用。——译者注

```
Type "help", "copyright", "credits" or "license" for more information.
>>>
```

欢迎来到 Python！

三箭头提示表明 Python 正在等待你的输入。

1.2　启动 Python 命令行 REPL

现在我们已经安装并运行了 Python，你可以立即开始使用它了。和在正常开发过程中用于实验和快速测试的工具一样，开始使用都是了解编程语言的好方法。

Python 的命令行环境叫作 Read-Eval-Print-Loop（读取—求值—输出—循环）。Python 将读取（read）我们输入的任何内容，进行求值（evaluate）并输出（print）结果，然后循环（loop）回到开始。你会经常听到它被简称为"REPL"。

启动时，REPL 将输出一些当前运行的 Python 的版本的信息，然后显示三箭头提示。此提示告诉你，Python 正在等待你输入内容。

在交互式 Python 会话中，你可以输入 Python 程序的片段并查看即时结果。我们从一些简单的算术开始：

```
>>> 2 + 2
4
>>> 6 * 7
42
```

可以看到，Python 读取输入，进行求值，输出结果，并循环回到开始以重复执行。

我们可以在 REPL 中给变量赋值：

```
>>> x = 5
```

只需输入变量名即可输出其内容：

```
>>> x
5
```

也可以在表达式中引用变量：

```
>>> 3 * x
15
```

在 REPL 中，你可以使用特殊的下划线变量来引用最近输出的值，这是 Python 中极少数鲜为人知的快捷键之一：

```
>>> _
15
```

或者，你可以在表达式中使用特殊的下划线变量：

```
>>> _ * 2
30
```

请记住，这个有用的技巧只适用于 REPL，下划线在 Python 脚本或程序中没有任何特殊的含义。

请注意，并非所有语句都具有返回值。当我们将 5 赋值给 x 时，没有返回值，只是生成了变量 x。其他语句可能有更明显的副作用。

尝试一下以下命令：

```
>>> print('Hello, Python')
Hello, Python
```

你会看到 Python 立即求值并执行此命令，输出字符串"Hello，Python"，并返回到另一个提示。重要的是要理解这里的响应，就是 print() 函数的副作用，而不是由 REPL 求值并输出的表达式的结果。

除此之外，输出（print）是 Python 2 和 Python 3 之间最大的区别之一。在 Python 3 中，括号是必需的，而在 Python 2 中则不是。这是因为在 Python 3 中，print() 是一个函数调用。后续会有更多的关于函数的内容。

1.3　退出 REPL

在这一节，我将告诉你如何退出 REPL 并返回到你的系统 shell 提示符中。我们通过将文件结尾（end-of-file）控制字符发送给 Python 来实现退出功能。但是，发送该字符的方法因平台而异。

1.3.1 Windows

如果你使用 Windows 系统，那么按住组合键 Ctrl+Z 退出。

1.3.2 UNIX

如果你使用 Mac 系统或者 Linux 系统，那么按住组合键 Ctrl+D 退出。

如果你经常在平台之间切换，并且你在类 UNIX 系统上意外地按了组合键 Ctrl+Z，那么你将在无意中暂停 Python 解释器并返回到操作系统的 shell。你可以通过将 Python 置为前台进程而重新激活它，这样只需运行 fg 命令即可：

```
fg
```

现在按几次回车键（Enter），就可以看到三箭头 Python 提示：

```
>>>
```

1.4 代码结构和缩进语法

启动 Python 3 解释器：

```
python
```

在 Windows 上启动的代码如上，而在 Mac 或者 Linux 上，启动的代码如下：

```
$ python3
```

Python 的控制流结构，如 for 循环、while 循环以及 if 语句，都是由以冒号终止的语句引入的，表示其构造的语句体紧随其后。例如，for 循环需要一个循环体，如果你输入：

```
>>> for i in range(5):
...
```

Python 会显示三点的提示，要求你提供循环体。Python 的一个独特的（有时也饱受争议）方面就是前置的空格是有语法意义的。

这意味着 Python 使用缩进级别，而不像其他语言使用大括号来划分代码块。根据惯例，同级的 Python 代码都以 4 个空格缩进。

所以当 Python 显示三点提示时，我们提供 4 个空格和一个语句来形成循环体：

```
...    x = i * 10
```

循环体中还将包含第二条语句，所以在接下来的三点提示中按回车键之后，我们再输入 4 个空格，然后调用内置的 print() 函数：

```
...    print(x)
```

要终止代码块，那么必须在 REPL 中输入一个空行：

```
...
```

随着我们完成代码块，Python 会执行待处理的代码，输出小于 50 且为 10 的倍数的数字：

```
0
10
20
30
40
```

看一下满屏的 Python 代码，我们可以看到清晰匹配的缩进——实际上必须匹配——程序的结构如图 1.1 所示。

```python
"""Class model for aircraft flights."""

class Flight:
    """A flight with a particular aircraft."""

    def __init__(self, number, aircraft):
        if not number[:2].isalpha():
            raise ValueError("No airline code in '{}'".format(number))

        if not number[:2].isupper():
            raise ValueError("Invalid airline code '{}'".format(number))

        if not (number[2:].isdigit() and int(number[2:]) <= 9999):
            raise ValueError("Invalid route number '{}'".format(number))

        self._number = number
        self._aircraft = aircraft

        rows, seats = self._aircraft.seating_plan()
        self._seating = [None] + [ {letter:None for letter in seats} for _ in rows ]

    def _passenger_seats(self):
        """An iterable series of passenger seating allocations."""
        row_numbers, seat_letters = self._aircraft.seating_plan()
        for row in row_numbers:
            for letter in seat_letters:
                passenger = self._seating[row][letter]
                if passenger is not None:
                    yield (passenger, "{}{}".format(row, letter))
```

图 1.1　代码中的空格

即使我们用灰线替换代码，程序的结构也很清楚，如图 1.2 所示。

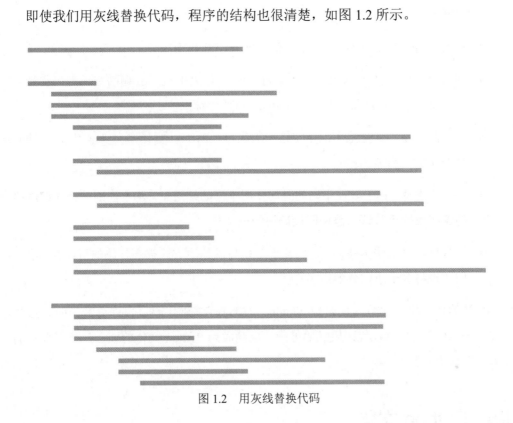

图 1.2 用灰线替换代码

以冒号结束的每个语句都会开始一个新行，并引入一个额外的缩进级别，直到取消缩进（dedent）将缩进恢复到上一级为止。每个级别的缩进通常是 4 个空格，稍后会更详细地介绍这些规则。

Python 使用的这种缩进语法有 3 大优点。

（1）它迫使开发人员在代码块中使用单一级别的缩进。在很多语言中，这通常被认为是好的做法，因为它使代码更加易读。

（2）具有缩进语法的代码不会被不必要的花括号混淆，而你永远也不会遇到有关代码标准的争辩——花括号应该在哪里。你可以很容易地识别 Python 代码中的所有代码块，并且每个人都以相同的方式编写代码。

（3）缩进语法要求作者、Python 运行时系统以及需要读取代码的未来维护者必须对代码的结构给出一致的解释。因此，你不会遇到有歧义的代码结构。

Python 缩进的规则看起来很复杂，但在实践中却相当简单。

- 你可以使用空格（space）或制表符（tab）作为缩进。普遍的共识是，空格比制表符更好，4 个空格已经成为 Python 社区的标准。

- 一个基本规则就是**绝不混用空格和制表符**。Python 解释器会"抱怨"，你的同事也会对你"穷追猛打"。

- 如果你愿意，你可以在不同的时间使用不同的缩进量。基本规则是**相同缩进级别的连续代码行被认为是相同代码块的一部分**。

- 这些规则有一些例外，但它们几乎总是与以其他方式提高代码的可读性有关，例如通过将多个语句分解成多行。

严格的代码格式化方法就是像 Guido 一样进行缩进代码，也许更恰当的说法是像 Guido 一样缩进它！重视代码质量如可读性已经成为 Python 文化的核心，接下来我们将探索一下这个问题。

1.5　Python 文化

许多编程语言是文化运动的中心。它们有自己的社区、价值观、实践和哲学，Python 也不例外。开发者通过 Python Enhancement Proposals（以下缩写为 PEP）这一系列文档对 Python 语言的开发进行管理。其中一个 PEP（名为 PEP 8）解释了如何格式化代码，我们在本书中也会遵循该指南。例如，我们在新的 Python 代码中使用 4 个空格进行缩进，这也是 PEP 推荐的方式。

这些 PEP 文档中的另外一个文档 PEP 20，被称为"Python 之禅"。它引用了 20 条描述 Python 指导原则的格言，其中只有 19 条被记录下来。方便的是，Python 之禅也内置在 Python 解释器中，你可以通过输入以下命令从 REPL 中看到它：

```
>>> import this
The Zen of Python, by Tim Peters
```

```
Beautiful is better than ugly.
Explicit is better than implicit.
Simple is better than complex.
Complex is better than complicated.
Flat is better than nested.
Sparse is better than dense.
Readability counts.
Special cases aren't special enough to break the rules.
Although practicality beats purity.
Errors should never pass silently.
Unless explicitly silenced.
In the face of ambiguity, refuse the temptation to guess.
There should be one-- and preferably only one --obvious way to do it.
Although that way may not be obvious at first unless you're Dutch.
Now is better than never.
Although never is often better than *right* now.
If the implementation is hard to explain, it's a bad idea.
If the implementation is easy to explain, it may be a good idea.
Namespaces are one honking great idea -- let's do more of those!
```

在本书中，我们将在禅之刻（moments of zen）中特别强调 Python 之禅中的至理名言，以理解它们是如何运用在我们所学的知识中的。正如我们刚刚介绍的 Python 的缩进语法，这是我们展示禅之刻的好时机。

有时候，你会感激 Python 的缩进语法，它让你的代码变得优雅，也可以让你轻松读懂他人的代码。

1.6　导入标准库模块

如前所述，Python 自带了大量的标准库，这是 Python 被经常提到的一个优点，这些标准库通常被称为内置电池（battery included）。标准库被构建为模块（module），稍后我们将会讨论模块的主题。在这个阶段，重要的是你要知道可以使用 import 关键字来访问标准库模块。

导入模块的基本形式就是在 import 关键字后加上一个空格和模块的名称。让我们看看如何使用标准库的 math 模块来计算平方根。在三箭头提示符后，我们输入以下命令：

```
>>> import math
```

由于 import 是一个不返回值的语句，如果导入成功，Python 不会输出任何内容，而是立即返回提示符。我们可以通过使用模块的名称访问导入的模块的内容，先输入模块的名称，随后是一个点，然后是你需要的模块中的属性名称。像许多面向对象的语言一样，点操作符用于深入对象结构。作为专家级 Python 爱好者，我们已经知道 math 模块包含一个名为 sqrt() 的函数。我们尝试使用以下命令：

```
>>> math.sqrt(81)
9.0
```

1.7　获取帮助

但是，如何才能在 math 模块中找到其他可以用的函数呢？

REPL 有一个特殊的函数 help()，它可以从提供了文档的对象（如标准库模块）中检索任何嵌入的文档。

要获得帮助，只需在提示符下输入 help：

```
>>> help
Type help() for interactive help, or help(object) for help about object.
```

你可以自行探索第一个选项——交互式帮助。这里我们将介绍第二个选项，将 math 模块作为我们需要帮助的对象传入：

```
>>> help(math)
Help on module math:

NAME
    math

MODULE REFERENCE
    http://docs.python.org/3.3/library/math
    The following documentation is automatically generated from the
    Python source files. It may be incomplete, incorrect or include
    features that are considered implementation detail and may vary
    between Python implementations. When in doubt, consult the module
    reference at the location listed above.

DESCRIPTION
    This module is always available. It provides access to the
    mathematical functions defined by the C standard.

FUNCTIONS
    acos(...)
        acos(x)
        Return the arc cosine (measured in radians) of x.
```

你可以使用空格键来浏览帮助，如果你使用的是 Mac 或 Linux 系统，则可以使用箭头键上下滚动。

在浏览这些函数的过程中，你会看到一个计算阶乘的数学函数——factorial。按 Q 键退出帮助浏览器，并返回 Python 的 REPL。

现在练习使用 help() 查看 factorial 函数的具体帮助：

```
>>> help(math.factorial)
Help on built-in function factorial in module math:

factorial(...)
    factorial(x) -> Integral

    Find x!. Raise a ValueError if x is negative or non-integral.
```

按 Q 键返回 Python 的 REPL。

让我们开始使用 `factorial()` 函数。该函数接收一个整数参数并返回一个整数值，如下：

```
>>> math.factorial(5)
120
>>> math.factorial(6)
720
```

注意我们如何使用模块命名空间来限定函数名称。这通常是一个很好的做法，因为它非常清楚地标明了函数的出处。但是，它可能导致代码过于冗长。

1.7.1 使用 **math.factorial()** 进行水果计数

让我们使用阶乘来计算在学校里常遇到的一种数学问题：从有 5 个苹果的集合中取 3 个苹果，有多少种取法：

```
>>> n = 5
>>> k = 3
>>> math.factorial(n) / (math.factorial(k) * math.factorial(n - k))
10.0
```

所有的函数都引用了 `math` 模块，这让这个简单的表达式相当冗长。Python 的 `import` 语句有一种可选的形式，我们可以使用 `from` 关键字将模块中的特定函数导入到当前命名空间中：

```
>>> from math import factorial
>>> factorial(n) / (factorial(k) * factorial(n - k))
10.0
```

这是一个很好的改进，但是对于这样一个简单的表达式来说，仍然有点冗长。

我们可以使用 `import` 语句的第三种形式对导入的函数重命名。这对可读性是很有用的，也能避免命名空间冲突。尽管如此，我们仍然建议你少用或者慎重地使用此特性：

```
>>> from math import factorial as fac
>>> fac(n) / (fac(k) * fac(n - k))
10.0
```

1.7.2 不同的数字类型

记住，当我们单独使用 factorial()时，它会返回一个整数。但是，为了计算组合的值，上面那个复杂的表达式生成了一个浮点数。这是因为我们使用了"/"——Python 的浮点除法运算符。由于我们想限定我们的操作只会返回整数结果，所以我们可以使用"//"来改进我们的表达式，"//"是 Python 的取整除法运算符：

```
>>> from math import factorial as fac
>>> fac(n) // (fac(k) * fac(n - k))
10
```

值得注意的是，在许多其他编程语言中，即使是比较合适的 n 值，上述表达式也可能会失败。在大多数编程语言中，常规普通的有符号整数只能存储小于 2^{31} 的值：

```
>>> 2**31 - 1
2147483647
```

然而，阶乘增长得如此之快，以至于可以适合 32 位有符号整数的最大阶乘是 12！，而 13！就太大了：

```
>>> fac(13)
6227020800
```

在被广泛使用的编程语言中，你可能需要更复杂的代码或更精密的数学运算，以计算从有 13！个苹果的集合中抽取 3 个苹果有多少种方法。Python 不会遇到这样的问题，你可以用任意大的整数进行计算，它只受限于计算机的内存。为了进一步进行说明，我们尝试一下更大的问题：计算从 100 种不同的水果中挑选两种水果，有多少种选法？（假设我们可以放下这么多水果）

```
>>> n = 100
>>> k = 2
>>> fac(n) // (fac(k) * fac(n - k))
4950
```

为了强调该表达式的第一个项目有多大，我们单独计算一下 100！：

```
>>> fac(n)
933262154439441526816992388562667004907159682643816214685929638952175999932299156089414639761565182862536979208272237582511852109168640000000000000000000000
```

这个数字甚至比已知宇宙中的原子数还大得多，它的数量很大。如果你像我一样，想知道有多少位数字，我们可以将整数转换为文本字符串，并计算其中的字符数：

```
>>> len(str(fac(n)))
158
```

这绝对是很多数字。它也显示了 Python 不同的数据类型。在这种情况下，整数、浮点数和文本字符串很自然地工作在一起。在下一节中，我们将基于这种经验，更详细地介绍整数、字符串和其他内置类型。

1.8 标量数据类型：整数、浮点数、None 以及 bool

Python 自带了一些内置的数据类型，主要包括基本标量类型（如整数）以及集合类型（如字典）。这些内置类型足够强大，可以满足许多编程需求，你在构建代码块时也可以使用它们创造更加复杂的数据类型。

我们将要用到的基本内置标量类型主要有：

- int —— 有符号、无限精度的整数；

- float —— IEEE-754 浮点数；

- None —— 一个特殊的空值；

- bool —— True/False 布尔值。

现在我们只是看看它们的基本细节，了解它们的字面量形式以及如何创建它们。

1.8.1 int

在之前的学习中我们已经看到相当多的 Python 整数了。Python 整数是有符号的，实际上，它是具有无限精度的。这意味着它们可以代表的值的大小没有预先定义的限制。

Python 中的整数字面量通常被规定为十进制：

```
>>> 10
```

```
10
```

使用 0b 前缀时为二进制：

```
>>> 0b10
2
```

使用了 0o 前缀时为八进制：

```
>>> 0o10
8
```

使用了 0x 前缀时为十六进制：

```
>>> 0x10
16
```

我们还可以通过调用 int 构造函数来构造整数，该构造函数可以把其他数据类型（如浮点数）转换为整数：

```
>>> int(3.5)
3
```

请注意，当使用 int 构造函数时，凑整始终朝向零值：

```
>>> int(-3.5)
-3
>>> int(3.5)
3
```

我们也可以把字符串转换成整数：

```
>>> int("496")
496
```

请注意，如果该字符串不表示一个整数，那么 Python 会抛出异常（稍后会详细地介绍异常）。

在对字符串进行转换时，你甚至可以提供可选的进制数。例如，若要将字符串转换为三进制，只要将 3 作为第二个参数传递给构造函数即可：

```
>>> int("10000", 3)
81
```

1.8.2 `float`

Python 通过浮点类型来支持浮点数。Python 的浮点类型实现了具有 53 位二进制精度的 IEEE-754 双精度浮点数，这相当于十进制的 15~16 位有效数字。

Python 把任何包含小数点的数字字面量解释为 `float` 类型：

```
3.125
```

我们可以使用科学计数法，所以对于较大的数，如 3×10^8，我们可以这样写：

```
>>> 3e8
300000000.0
```

对于像普朗克常量这样的小数——6.626×10^{-34}J·s，我们可以这样写：

```
>>> 6.626e-34
6.626e-34
```

注意 Python 如何自动地将显示形式切换为最可读的形式。

和整数类似，我们可以使用 `float` 构造函数将其他数字或字符串类型转换为浮点数。例如，构造函数可以接收一个 `int` 类型的数：

```
>>> float(7)
7.0
```

`float` 构造函数也可以接收一个字符串：

```
>>> float("1.618")
1.618
```

1．特殊的浮点数值

通过将某些字符串传递给浮点构造函数，我们可以创建特殊浮点值 NaN（Not a Number），也可以创建正无穷大和负无穷大：

```
>>> float("nan")
nan
>>> float("inf")
inf
>>> float("-inf")
-inf
```

2. 提升为浮点数

任何涉及 int 和 float 的计算的结果都会被提升为浮点数：

```
>>> 3.0 + 1
4.0
```

你可以在 Python 文档中阅读更多有关 Python 数字类型的信息。

1.8.3 None

Python 具有一个名为 None 的特殊空值，首字母为大写 N。None 用于表示缺少值。Python REPL 不会打印 None 的结果，因此在 REPL 中输入 None 是无效的：

```
>>> None
>>>
```

像其他对象一样，可以把空值 None 绑定到变量名称上：

```
>>> a = None
```

我们可以使用 is 运算符判断一个对象是否为 None：

```
>>> a is None
True
```

可以看到响应是 True，这是我们接下来要介绍的 bool 类型。

1.8.4 bool

bool 类型表示逻辑状态，在 Python 的几个控制流结构中起着重要的作用，很快我们就会看到它的"厉害"。正如你所知道的，有两个 bool 值——True 和 False，首字母都是大写：

```
>>> True
True
>>> False
False
```

Python 也有一个 bool 构造函数，它可以把其他类型转换为 bool 类型。我们来看看它是如何工作的。对于整数，零被认为是假，所有其他值是真：

```
>>> bool(0)
False
>>> bool(42)
True
>>> bool(-1)
True
```

浮点数和整数一样，只有零被认为是假：

```
>>> bool(0.0)
False
>>> bool(0.207)
True
>>> bool(-1.117)
True
>>> bool(float("NaN"))
True
```

在转换集合（如字符串或列表）时，只有空的集合才被视为是假。在转换列表（我们稍后会看）时，只有空的列表（字面量形式显示为[]）才为假：

```
>>> bool([])
False
>>> bool([1, 5, 9])
True
```

类似，在字符串中，把空字符串""传递给 bool 函数时，计算结果是 False：

```
>>> bool("")
False
>>> bool("Spam")
True
```

特殊情况是，你不能使用 bool 构造函数来转换 True 和 False 的字符串表示形式：

```
>>> bool("False")
True
```

由于字符串 False 不为空，所以其计算结果为 True。这些向 bool 的转换很重要，因为它们广泛应用于 Python 的 if 语句和 while 循环，这些语句都接收 bool 值作为条件。

1.9 关系运算符

布尔值通常由 Python 的关系运算符生成，这些运算符主要用于比较对象。使用非常广泛的两个关系运算符是 Python 的等于和不等于，它们实际上是测试值的等价或不等价。也就是说，如果一个对象可以代替另一个对象，则两个对象是相等的。我们将在本书后面详细讲解对象相等的概念。现在我们来比较简单的整数。

我们先从对变量 g 进行赋值或者绑定一个值开始：

```
>>> g = 20
```

我们用==来测试等于，如下面的命令所示：

```
>>> g == 20
True
>>> g == 13
False
```

使用!=测试不等于：

```
>>> g != 20
False
>>> g != 13
True
```

其他比较运算符

我们还可以使用其他比较运算符来比较数值的大小。使用"<"判定第一个参数是否小于第二个参数：

```
>>> g < 30
True
```

同样地，使用">"判定第一个参数是否大于第二个参数：

```
>>> g > 30
False
```

你可以使用"<="来测试小于等于：

```
>>> g <= 20
True
>>> g >= 20
True
```

如果你有其他编程语言的关系运算符的使用经验，那么 Python 的运算符根本就不足为奇。只要记住，这些运算符用于比较等值而不是同一性即可，我们将在下面的章节中详细介绍这个区别。

1.10　控制流：`if` 语句和 `while` 循环

现在我们已经学习了一些基本的内置类型，接下来我们来看看两个重要的控制流结构：if 语句和 while 循环，它们都依赖向 bool 类型的转换。

1.10.1　条件控制流：`if` 语句

我们可以基于表达式的值使用条件语句来做分支执行。语句的形式是 if 关键字、后跟的表达式，以及冒号终止后引入的新代码块。在 REPL 中试一下：

```
>>> if True:
```

记住要在代码块中缩进 4 个空格。如果条件为 True，则添加一些要执行的代码，然后用空行终止该块：

```
...     print("It's true!")
...
It's true!
```

此时，代码块将被执行，因为条件是 True。相反，如果条件为 False，则块中的代码不会被执行：

```
>>> if False:
...     print("It's true!")
...
>>>
```

与 if 语句一起使用的表达式将被转换为 bool，就像使用了 bool() 构造函数一样，所以：

```
>>> if bool("eggs"):
...     print("Yes please!")
...
Yes please!
```

如果该值完全等于某个值，那么我们这样使用 if 语句：

```
>>> if "eggs":
...     print("Yes please!")
...
Yes please!
```

幸亏有这个有用的简写，我们很少会在 Python 中使用 bool 构造函数将值显式地转换为 bool。

1.10.2　if…else 语句

if 语句支持一个可选的 else 子句，它由 else 关键字（后跟冒号）引入到代码块中，该关键字与 if 关键字有相同的缩进级别。我们先创建（但不是完成）一个 if 代码块：

```
>>> h = 42
>>> if h > 50:
...     print("Greater than 50")
```

在这种情况下，为了开始 else 代码块，我们省略了三个点之后的缩进：

```
... else:
...     print("50 or smaller")
...
50 or smaller
```

1.10.3　if…elif…else 语句

对于多条件的情况，你可能会试图做这样的事情：

```
>>> if h > 50:
...     print("Greater than 50")
... else:
...     if h < 20:
...         print("Less than 20")
...     else:
...         print("Between 20 and 50")
```

```
...
Between 20 and 50
```

每当你发现 else 代码块中包含一个嵌套的 if 语句时，你应该考虑使用 Python 的 elif 关键字，它是 else-if 的组合。

正如 Python 之禅提醒我们的，*扁平优于嵌套*：

```
>>> if h > 50:
...     print("Greater than 50")
... elif h < 20:
...     print("Less than 20")
... else:
...     print("Between 20 and 50")
...
Between 20 and 50
```

这个版本更容易阅读。

1.10.4　有条件的重复：`while` 语句

Python 有两种类型的循环：for 循环和 while 循环。在介绍缩进语法时，我们已经见到了 for 循环，我们很快又要介绍它，但是现在我们先学习 while 循环。

Python 中的 while 循环由 while 关键字引入，后面是一个布尔表达式。与 if 语句的条件一样，表达式将被隐式地转换为布尔值，就好像它已被传递给 bool() 构造函数一样。while 语句由冒号终止，因为它引入了一个新的代码块。

让我们在 REPL 中编写一个循环：从 5 倒数到 1。我们将初始化一个名为 c 的计数器变量，它的初值为 5，并保持循环直到它为零。这里我们会用到另一个新的语言特性，就是增强型赋值运算符 -=，在每次迭代中对计数器的值减一。其他基本的数学运算（如加法和乘法）也存在类似的增强型赋值运算：

```
>>> c = 5
>>> while c != 0:
...     print(c)
...     c -= 1
...
5
```

```
4
3
2
1
```

条件或者断言将被隐式地转换为 bool，就像调用 bool() 构造函数一样，我们可以用以下代码代替上面的代码：

```
>>> c = 5
>>> while c:
...     print(c)
...     c -= 1
...
5
4
3
2
1
```

这样也能正常运行，将整数值 c 转换为 bool 的结果为 True，c 递减直到为 0，此时 c 将被转换为 False。也就是说，在这种情况下使用这种简短的形式，大家会认为这是非 Python 化（un-Pythonic）的，回顾 Python 之禅，显式优于隐式。相比第二种形式的简洁性，我们更看重第一种形式的可读性。

在 Python 中，while 循环通常用于需要无限循环的地方。我们通过将 True 作为断言表达式传递给 while 语句来实现这一点：

```
>>> while True:
...     print("Looping!")
...
Looping!
Looping!
Looping!
Looping!
Looping!
Looping!
Looping!
Looping!
```

现在你可能想知道我们该如何离开这个循环并重新获得对 REPL 的控制！只需按组合键 Ctrl+C：

```
Looping!
Looping!
Looping!
Looping!
Looping!
Looping!^C
Traceback (most recent call last):
File "<stdin>", line 2, in <module>
KeyboardInterrupt
>>>
```

Python 拦截到这个键盘输入，并引发一个特殊的异常，这个异常会终止循环。我们将在第 6 章中更详细地说明什么是异常，以及如何使用它们。

使用 **break** 退出循环

许多编程语言支持这种类型循环结构，该结构将断言测试放在循环的结尾，而不是开始。例如，C、C++、C# 和 Java 支持 do-while 结构。其他语言使用（repeat-until）的循环。在 Python 中并不是这样。Python 的惯用方式是，可以在 while True 中使用 break 语句，它可以让我们尽早地退出循环。

break 语句可跳出循环——只有最内层的循环（如果已经嵌套了一些循环），然后继续执行循环体之后的内容。

我们来看一个 break 的例子，顺便介绍 Python 的其他一些功能，我们来逐行查看：

```
>>> while True:
...     response = input()
...     if int(response) % 7 == 0:
...         break
...
```

以 while True 开始，这是一个无限循环。在 while 代码块的第一行语句中，我们使用内置的 input() 函数来接收一个来自用户的字符串。我们将该字符串赋值给一个名为 response 的变量。

现在，我们使用 if 语句来测试提供的值能否被 7 整除。我们使用 int() 构造函数将 response 字符串转换为整数，然后使用取模运算符%除以 7，并给出余数。如果余数等于零，则 response 可以被 7 整除。我们进入 if 代码块。

在 if 代码块中有两个级别的缩进深度，我们从 8 个空格开始，然后使用 break 关键字。break 会终止最内层的循环（while 循环），然后跳转并执行循环后的第一个语句。

在这里，循环后的第一个语句是结束程序。我们在 3 点提示中输入一个空白行，以关闭 if 代码块和 while 代码块。执行该循环，它会暂停在 input()的调用处，等待我们输入数字。我们来试一下：

```
12
67
34
28
>>>
```

一旦我们输入一个可被 7 整除的数字，则断言就为 True，此时会进入 if 语句里，然后我们从循环中退出，程序运行结束，返回 REPL 提示符。

1.11　小结

- 开始学习 Python。

    - 获取并安装 Python 3。

    - 启动 Python 命令行 REPL。

    - 简单的算术。

    - 使用内置的 print()函数输出。

    - 使用组合键 Ctrl+Z（Windows 系统）或者组合键 Ctrl+D（UNIX 系统）退出 REPL。

- 变得 Python 化。

    - 缩进语法。

    - PEP 8 —— Python 代码风格指南。

◆ PEP 20 —— Python 之禅。

● 使用不同形式的 import 语句导入模块。

● 使用 help() 查找浏览帮助。

● 基本类型和控制流。

◆ int、float、None 以及 bool，它们之间的转换。

◆ 用于相等和大小比较的关系运算符。

◆ 附带 else 和 efif 代码块的 if 语句。

◆ 伴随向 bool 隐式转换的 while 循环。

◆ 使用组合键 Ctrl+C 中断无限循环。

◆ 使用 break 退出循环。

● 使用 input() 从用户接收请求文本。

● 增强型赋值运算符。

第 2 章
字符串与集合类型

Python 包含丰富的内置集合类型，它们一般可以满足非常复杂的程序，而无须依靠自定义的数据结构。本章会介绍这些基本的集合类型（它们足以让我们编写一些有趣的代码）。我们将在后面的章节中再次讨论这些集合类型，同时还有其他几个集合类型。

本章主要介绍以下这些类型：

- `str` ——不可变的 Unicode 码位序列；

- `bytes` ——不可变的字节序列；

- `list` ——可变的对象序列；

- `dict` ——可变的键值映射。

本章还将介绍一下 Python 的 `for` 循环。

2.1　`str`——不可变的 Unicode 码位序列

Python 中的字符串数据类型——str，我们已经频繁地使用了它们。字符串是 Unicode 码位的序列。在大多数情况下，你可以将码位视为类似字符的东西，尽管它们不是严格等同的。Python 字符串中的码位序列是不可变的，所以一旦构建了一个字符串，就不能修改它的内容。

　　码位、字母、字符和符号之间的区别可能令人困惑。我们试着用一个例子来解释一下：希腊字母 Σ 会被广泛应用于希腊文的写作中，同时，数学家用它来表示序列的求和。字母 Σ 的这两个用途分别用不同的 Unicode 字符表示，称为 GREEK CAPITAL LETTER SIGMA 和 N-ARY SUMMATION。通常，使用相同的字母传达不同的信息时，会使用不同的 Unicode 字符。另一个例子是 GREEK CAPITAL LETTER OMEGA 和 OHM SIGN，这是电阻单位的标志。码位是组成码空间的数值。每个字符与单个码位相关联，因此，把 U+03A3 分配给了 GREEK CAPITAL LETTER SIGMA，同时把 U+2211 分配给了 N-ARY SUMMATION。如上所述，我们通常将码位写成 U+nnnn 形式，其中 nnnn 是 4 位、5 位或 6 位十六进制数。并非所有码位都已分配给字符。例如，U+0378 是一个未分配的码位，你可以使用\u0378 转义序列将此码位包含在 Python str 中；因此，str 是码位序列，而不是字符序列。虽然 Python 的上下文中没有提到这个术语，但为了完整，我觉得我们应该指出，符号是字符的视觉表示。GREEK CAPITAL LETTER SIGMA 和 N-ARY SUMMATION 等不同的字符可以使用相同的符号或者实际是不同的符号，这取决于所使用的字体。

字符串的引用形式

　　Python 中的文本字符串用引号包裹：

```
>>> 'This is a string'
```

　　如上所述，你可以使用单引号，你也可以使用双引号：

```
>>> "This is also a string"
```

　　但是，必须保持一致。你不可以使用单引号去和双引号进行配对：

```
>>> "inconsistent'
  File "<stdin>", line 1
    "inconsistent'
                  ^
SyntaxError: EOL while scanning string literal
```

　　Python 支持这两种引用风格，你可以轻松地将其他引用字符放入文本字符串中，而无须使用转义字符：

```
>>> "It's a good thing."
"It's a good thing."
>>> '"Yes!", he said, "I agree!"'
'"Yes!", he said, "I agree!"'
```

请注意，REPL 使用相同的引用方式将字符串回传给我们。

2.2 禅之刻

乍一看该段"禅之刻"，支持两种引用风格似乎违反了 Python 化风格的重要原则："一件事应该有一种做法 —— 并且宁愿只有一种做法 —— 一种显而易见的做法。"

然而，在这种情况下，我们优先考虑同样来自 Python 之禅的另一个格言：**相比纯粹性，我们更倾向于实用性**。

支持两种引用风格比下面这个可选方案更加实用：使用单引号风格，同时频繁地使用转义序列。我们很快就会遇到这种情况。

2.2.1 相邻字符串的拼接

Python 编译器会将相邻的文本字符串拼接成一个字符串：

```
>>> "first" "second"
'firstsecond'
```

虽然此时看起来这似乎没有意义，但是这有利于格式化代码，我们稍后将会看到。

2.2.2　多行字符串与换行

如果你想要一个包含换行的文本字符串，你有两个选择：

● 使用多行字符串；

● 使用转义符。

首先，我们来看看多行字符串。多行字符串由 3 个而不是一个双引号字符包裹。以下是一个使用 3 个双引号的例子：

```
>>> """This is
... a multiline
... string"""
'This is\na multiline\nstring'
```

注意，当字符串出现在屏幕上时，换行由\n 转义序列表示。

我们也可以使用 3 个单引号：

```
>>> '''So
... is
... this.'''
'So\nis\nthis.'
```

除了使用多行引用，我们也可以自己嵌入控制字符：

```
>>> m = 'This string\nspans mutiple\nlines'
>>> m
'This string\nspans mutiple\nlines'
```

为了更好地理解这个例子中的用法，我们可以使用内置的 print()函数来查看字符串：

```
>>> print(m)
This string
spans mutiple
lines
```

如果你在 Windows 系统上工作，你可能需要使用回车符\r、换行符\n 进行换行，而不仅仅是换行符\n。在 Python 中，没有必要这样做，因为 Python 3 有一个名为通用换行符支持（universal newline support）的特性，它会根据你的平台，在输入和输出时，将简单的\n转换为原生的换行序列。你可以在 PEP 278 中阅读更多有关通用换行符支持的信息。

我们也可以将转义序列用于其他目的，例如，使用/t 表示制表符，或者在字符串中使用引号字符：

```
>>> "This is a \" in a string"
'This is a " in a string'
```

以上代码类似于：

```
>>> 'This is a \' in a string'
"This is a ' in a string"
```

正如你所看到的，Python 比我们使用的引用分隔符"聪明"，然而，当我们在字符串中使用两种类型的引号时，Python 也将采用转义序列：

```
>>> 'This is a \" and a \' in a string'
'This is a " and a \' in a string'
```

因为反斜杠有特殊的含义，要在字符串中放置反斜杠，我们必须用反斜杠对它转义：

```
>>> k = 'A \\ in a string'
'A \\ in a string'
```

为了确保该字符串中只有一个反斜杠，我们可以使用 print()输出它：

```
>>> print(k)
A \ in a string
```

你可以在 Python 文档中阅读更多有关转义序列的信息。

2.2.3　原始字符串

有时，特别是在处理诸如大量使用反斜杠的 Windows 文件系统路径或者正则表达式时，需要两个反斜杠，这看上去很丑陋，也容易出错。Python 用原始字符串来解决该问题。原始字符串不支持任何转义序列，所见即所得。要创建一个原始字符串，请在开头的引号之前加上小写的 r：

```
>>> path = r'C:\Users\Merlin\Documents\Spells'
```

```
>>>
>>> path
'C:\\Users\\Merlin\\Documents\\Spells'
>>> print(path)
C:\Users\Merlin\Documents\Spells
```

尽管在存储和操作文件系统路径时，我们通常都使用字符串，但除了简单的路径处理之外，你应该使用 Python 标准库的 pathlib 模块。

str 构造函数

我们可以使用 str 构造函数将其他类型（例如整数）转换为字符串：

```
>>> str(496)
>>> '496'
```

或者将浮点数转换为字符串：

```
>>> str(6.02e23)
'6.02e+23'
```

2.2.4　字符串也是序列

Python 中的字符串是序列类型，这意味着它们支持某些查询有序系列元素的常见操作。例如，我们可以在方括号中使用从零开始的整数索引来访问单个字符：

```
>>> s = 'parrot'
>>> s[4]
'o'
```

与其他编程语言相比，Python 中没有与字符串类型不同的单独字符类型。索引操作返回一个完整的字符串，该字符串只包含一个码位元素，我们可以使用 Python 的内置 type() 函数来证明这一点：

```
>>> type(s[4])
<class 'str'>
```

稍后，我们将在本书中讨论更多有关类型和类的内容。

2.2.5 字符串方法

字符串对象支持很多操作，它们都是以方法的形式实现。我们可以通过在字符串类型上使用 help() 来列出这些方法：

```
>>> help(str)
```

按 Enter 键，你将看到像下面这样的显示：

```
Help on class str in module builtins:

class str(object)
 | str(object='') -> str
 | str(bytes_or_buffer[, encoding[, errors]]) -> str
 |
 | Create a new string object from the given object. If encoding or
 | errors is specified, then the object must expose a data buffer
 | that will be decoded using the given encoding and error handler.
 | Otherwise, returns the result of object._ _str_ _() (if defined)
 | or repr(object).
 | encoding defaults to sys.getdefaultencoding().
 | errors defaults to 'strict'.
 |
 | Methods defined here:
 |
 | _ _add_ _(self, value, /)
 | Return self+value.
 |
 | _ _contains_ _(self, key, /)
 | Return key in self.
 |
 | _ _eq_ _(self, value, /)
```

在任何平台上，你都可以通过空格键向下翻页，浏览帮助页面，跳过所有以双重下划线开头和结尾的方法，直到看到 capitalize() 方法的文档：

```
 | Create and return a new object. See help(type) for accurate
 | signature.
 |
 | _ _repr_ _(self, /)
```

```
| Return repr(self).
|
| _ _rmod_ _(self, value, /)
| Return value%self.
|
| _ _rmul_ _(self, value, /)
| Return self*value.
|
| _ _sizeof_ _(...)
| S._ _sizeof_ _() -> size of S in memory, in bytes
|
| _ _str_ _(self, /)
| Return str(self).
|
| capitalize(...)
| S.capitalize() -> str
|
| Return a capitalized version of S, i.e. make the first
| character have upper case and the rest lower case.
|
```

按 Q 键退出帮助页面，接下来我将尝试使用 capitalize()。让我们先创建一个首字母需要大写的字符串：

```
>>> c = "oslo"
```

要调用 Python 对象中的方法，需要在对象名称之后和方法名称之前使用点“.”。方法是函数，所以我们必须使用括号来表示应该调用该方法：

```
>>> c.capitalize()
'Oslo
```

请记住，字符串是不可变的，所以 capitalize() 方法没有修改 c。相反，它返回了一个新的字符串。我们可以通过显示没有被改变的 c 来证明这一点：

```
>>> c
'oslo'
```

你可以花点时间浏览一下帮助文档，自行熟悉一下字符串类型提供的各种有用的方法。

2.3 使用 Unicode 的字符串

字符串具有完整的 Unicode 功能，你可以轻松地在字符串中使用国际化的字符，在文本中也可以使用，因为 Python 3 的默认源代码编码就是 UTF-8。例如，如果你用挪威语的字符，你可以简单地输入：

```
>>> "Vi er så glad for å høre og lære om Python!"
'Vi er så glad for å høre og lære om Python!'
```

或者，你可以使用 Unicode 码位的十六进制表示，这些码位以转义序列 \u 为前缀：

```
>>> "Vi er s\u00e5 glad for \u00e5 h\xf8re og l\u00e6re om Python!"
'Vi er så glad for å høre og lære om Python!'
```

我们相信你会认同这样做是比较笨重的说法。

类似地，你可以使用 \x 转义序列，后跟一个 2 个字符的十六进制字符串，以在字符串字面量中表示包含一个字节的 Unicode 码位：

```
>>> '\xe5'
'å'
```

你甚至可以使用一个转义的八进制字符串。格式为单个反斜杠，后跟 3 位数字，数字范围为 0~7。我们从未在实践中见过这种用法，除非是无意制造出的 bug：

```
>>> '\345'
'å'
```

在其他类似的字节类型中没有这样的 Unicode 功能。

2.4 bytes ——不可变的字节序列

bytes 类型类似于 str 类型，只是每个实例不是 Unicode 码位序列，而是字节序列。bytes 对象用于原始二进制数据以及固定宽度的单字节字符编码，如 ASCII。

2.4.1　字节字面量

与字符串一样，字节的字面量形式由单引号或双引号包裹。但是对于字节字面量，开头的引号之前必须放置一个小写的 b：

```
>>> b'data'
b'data'
>>> b"data"
b'data'
```

还有一个 bytes 构造函数，但它相当复杂，我们将在图书 *Python Journeyman* 中介绍相关内容。在本书中，我们知道字节字面量，并且了解它们支持许多与 str 相同的操作，例如索引和拆分，这已经足够了：

```
>>> d = b'some bytes'
>>> d.split()
[b'some', b'bytes']
```

你会看到 split() 方法返回一个 bytes 对象的列表。

2.4.2　bytes 与 str 的相互转换

要让 bytes 和 str 相互转换，我们必须知道用于将字符串的 Unicode 码位表示为字节的字节序列的编码。Python 支持各种各样的编解码器（codecs），如 UTF-8、UTF-16、ASCII、Latin-1、Windows-1251 等——请参考 Python 文档中的当前编解码器列表。

在 Python 中，我们可以将 Unicode str 编码（encode）为一个 bytes 对象，我们还可以将一个 bytes 对象解码（decode）为 Unicode str。编码还是解码，这取决于我们指定的编码方式。一般来说，Python 不会阻止你的这种错误的操作，解码存储在 bytes 对象的 UTF-16 数据中，而这些对象所在的 IBM 大型机使用 CP037 编解码器处理字符串。

如果幸运的话，你可能会在运行时遇到 UnicodeError 的错误。如果不幸的话，你会收到一个充满乱码的 str，并且你的程序也不会发现这个问题。

图 2.1 展示了编码和解码的一个示例。

'I ♥ Tromsø'

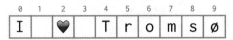

每一个元素都是一个Unicode码位——可以作为一个单独的码位字符串

my_bytes = my_str.encode('utf-8')

Unicode Code Point	UTF-8 Encoding
LATIN CAPITAL LETTER I (U+0049)	49
SPACE (U+0020)	20
HEAVY BLACK HEART (U+2764)	E2 9D A4 EF B8 8F
SPACE (U+0020)	20
LATIN CAPITAL LETTER T (U+0054)	54
LATIN SMALL LETTER R (U+0072)	72
LATIN SMALL LETTER O (U+006F)	6F
LATIN SMALL LETTER M (U+006D)	6D
LATIN SMALL LETTER S (U+0073)	73
LATIN SMALL LETTER O WITH STROKE (U+00F8)	C3 B8

my_str = my_bytes.decode('utf-8')

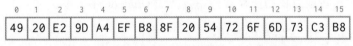

每一个元素都是一个字节——可以作为一个0~255的整数

b'I \xe2\x9d\xa4\xef\xb8\x8f Troms\xc3\xb8'

图 2.1 编码与解码

让我们打开交互式会话来查看一个有趣的 Unicode 字符串吧，其中包含挪威语全部的 29 个字母——一个全字母短语：

```
>>> norsk = "Jeg begynte å fortære en sandwich mens jeg kjørte taxi på vei
til quiz"
```

现在将使用 UTF-8 编解码器，使用 str 对象的 encode() 方法将其编码为 bytes 对象：

```
>>> data = norsk.encode('utf-8')
>>> data
b'Jeg begynte \xc3\xa5 fort\xc3\xa6re en sandwich mens jeg kj\xc3\xb8rte
taxi p\xc3\xa5 vei til quiz'
```

看看每个挪威字母如何呈现为一对字节。

我们可以使用 bytes 对象的 decode() 方法来反转这个过程。接下来提供正确的编码：

```
>>> norwegian = data.decode('utf-8')
```

检查编码/解码返回的结果与开始的结果是否相同：

```
>>> norwegian == norsk
True
```

为了更好的测试，现在试着显示结果：

```
>>> norwegian
'Jeg begynte å fortære en sandwich mens jeg kjørte taxi på vei til quiz'
```

此时，所有这些与编码有关的内容看上去像是一些多余的细节——特别是如果你在一个英语环境中工作。至关重要的是要理解文件和网络资源（如 HTTP 响应）是作为字节流传输的，在这些地方我们更喜欢使用方便的 Unicode 字符串。

Python 3 和 Python 2 中字符串的差异

Python 3 和 Python 2 的一个非常大区别在于对字符串的处理。在 Python 2 版本中，str 类型是字节字符串，其中每个字符都被编码为单个字节。从这个意义上说，Python 2 的 str 类似于 Python 3 的 bytes，但是由 str 和 bytes 提供的接口实际上在很大程度上是不同的。特别是它们的构造函数是完全不同的，并且索引到一个 bytes 对象中返回的是一个整数而不是单个码位字符串。更糟糕的是，Python 2.6 和 Python 2.7 中还有一个 bytes 类型，但它只是 str 的同义词，因此它们具有相同的接口。如果你正在编写处理文本的代码，并且这些代码在 Python2 和 Python3 之间是可移植的（这是完全可能的），你要小心行事！

2.5 list ——对象序列

Python 列表（如字符串的 `split()` 方法的返回值）是对象的序列。不同于字符串，列表是可变的，我们可以对列表中的元素进行替换或删除，并且可以插入或追加新的元素。列表是 Python 数据结构的主力。

列表字面量用方括号包裹，列表中的项目用逗号分隔。以下是包含 3 个数字的列表：

```
>>> [1, 9, 8]
[1, 9, 8]
```

以下是一个包含 3 个字符串的列表：

```
>>> a = ["apple", "orange", "pear"]
```

我们可以使用方括号中从 0 开始的索引来检索元素：

```
>>> a[1]
"orange"
```

还可以通过给特定元素赋值来替换元素：

```
>>> a[1] = 7
>>> a
['apple', 7, 'pear']
```

可以看到，列表中包含的对象的类型可以是异构的。现在有这样一个列表，它包含一个 `str`、一个 `int` 和另外一个 `str`。

创建一个空列表很有用，我们可以使用空的方括号来创建：

```
>>> b = []
```

可以以其他方式修改列表。使用 `append()` 方法可以在列表的末尾追加一些浮点数：

```
>>> b.append(1.618)
>>> b
[1.618]
>>> b.append(1.414)
[1.618, 1.414]
```

还有许多其他有用的操作列表的方法，我们将在后面的章节中介绍。现在，只需要执行基本的列表操作。

还有一个 list 构造函数，它可以把其他集合类型（如字符串）转换为列表：

```
>>> list("characters")
['c', 'h', 'a', 'r', 'a', 'c', 't', 'e', 'r', 's']
```

Python 中的缩进语法规则起初看起来很死板，但实际上灵活性很高。例如，如果在行结尾处有未关闭的方括号、大括号或圆括号，那也没有关系，可以在下一行继续编码。这对于长的字面量集合的表示或者提高短集合的可读性非常有用：

```
>>> c = ['bear',
... 'giraffe',
... 'elephant',
... 'caterpillar',]
>>> c
['bear', 'giraffe', 'elephant', 'caterpillar']
```

可以看到我们在最后一个元素之后追加了一个逗号，这个操作有助于提升代码的可维护性。

2.6　dict 类型——键关联值

字典，一般体现为 dict 类型，它是 Python 语言工作的重要基础，并且被广泛使用。字典将键映射到值，在某些语言中它被称为映射或关联数组。我们来看看如何在 Python 中创建和使用字典。

我们可以使用包含键值对的花括号创建字典字面量。每个键值对由逗号分隔，每个键与其相应的值由冒号分隔。以下是用一个字典创建一个简单的电话簿的示例：

```
>>> d = {'alice': '878-8728-922', 'bob': '256-5262-124',
'eve': '198-2321-787'}
```

我们可以使用方括号运算符来通过键检索值：

```
>>> d['alice']
'878-8728-922'
```

我们还可以通过方括号更新与特定键相关联的值：

```
>>> d['alice'] = '966-4532-6272'
>>> d
{'bob': '256-5262-124', 'eve': '198-2321-787',
'alice': '966-4532-6272'}
```

如果我们给一个不存在的键赋值，则会创建一个新条目：

```
>>> d['charles'] = '334-5551-913'
>>> d
{'bob': '256-5262-124', 'eve': '198-2321-787',
'charles': '334-5551-913', 'alice': '966-4532-6272'}
```

请注意，字典中的条目不能以任何特定的顺序存储，实际上，即便是多次运行同一程序，Python 选择的顺序可能都会不同。与列表类似，我们可以使用空的大括号创建空字典：

```
>>> e = {}
```

本节只是对字典进行了一个非常粗略的介绍，我们将在第 5 章学习更多有关字典的内容。

2.7 for 循环——迭代

现在我们有了工具可以自定义一些有趣的数据结构了，先来看一下 Python 的另一种类型的循环结构，即 for 循环。Python 中的 for 循环对应于许多其他编程语言中所谓的 for-each 循环。它们从一个集合——或者更严格地说是从一个可迭代的序列（后面还有更多介绍）——中逐个请求每一项，并依次将其赋值给我们指定的变量。接下来创建一个列表集合，并使用 for 循环来遍历它，记住将 for 循环中的代码缩进 4 个空格：

```
>>> cities = ["London", "New York", "Paris", "Oslo", "Helsinki"]
>>> for city in cities:
...     print(city)
...
London
New York
Paris
Oslo
Helsinki
```

迭代一个列表会一个一个地产出（yield）这些项目。如果你要迭代一个字典，你只需要将键看作随机顺序，然后在 `for` 循环体中使用这些键来检索相应的值。接下来定义一个字典，将颜色名称字符串映射到以整数形式存储的十六进制的整数颜色代码中：

```
>>> colors = {'crimson': 0xdc143c, 'coral': 0xff7f50,
              'teal': 0x008080}
>>> for color in colors:
...     print(color, colors[color])
...
coral 16744272
crimson 14423100
teal 32896
```

这里我们使用内置的 `print()` 函数来接收多个参数，然后分别传递每个颜色的键和值。另外我们可以看到返回的颜色代码是十进制的。

现在，在把一些我们共同学到的东西汇总成一个有用的程序之前，请练习在 Windows 系统上使用组合键 `Ctrl+Z`、在 Mac 系统或 Linux 系统上使用组合键 `Ctrl+D` 退出 Python 的 REPL。

2.8　融会贯通

让我们花点时间去尝试使用之前介绍过的这些工具来实现一些较复杂的例子。教科书通常会避免这种实用主义，但我们认为将新想法应用于实际情况是很有趣的。为了能让你更好地理解这些例子，我们需要引入一些“黑盒子”组件来完成这项工作，但是稍后章节你会详细了解它们，所以别担心。

我们将在 REPL 上编写一个更长的代码片段，并简要介绍 `with` 语句。在代码中，我们将使用 Python 标准库函数 `urlopen()` 从 Web 上获取一些经典文献的文本数据。以下是在 REPL 中输入的代码：

```
>>> from urllib.request import urlopen
>>> with urlopen('http://sixty-north.com/c/t.txt') as story:
...     story_words = []
...     for line in story:
```

```
...          line_words = line.split()
...          for word in line_words:
...              story_words.append(word)
...
```

我们来分析这段代码，并依次解释其中的每一行。

要访问 urlopen()，我们需要从 request 模块中导入该函数，该模块位于标准库 urllib 包中。

将 URL 作为传入参数，调用 urlopen() 获取文本信息。我们使用一个名为 with 代码块的 Python 语法结构来管理从 URL 获取的资源，这是因为从 Web 获取资源需要操作系统的套接字等系统资源。我们将在后面的章节中更详细地介绍 with 语句，但现在只要知道使用 with 语句处理调用外部资源的对象可以有效地避免资源泄露（resource leak）即可。with 语句调用 urlopen() 函数，并将响应对象绑定到名为 story 的变量上。

请注意，with 语句由冒号终止。然后引入了一个新的块，在块内我们必须缩进 4 个空格。创建一个空列表，它将保存从检索到的文本中获取的所有单词。

开启一个 for 循环，它将迭代 story 变量。回想一下，for 循环从 in 关键字右侧的表达式（这里是 story 变量）请求项目，并将它们依次分配给左侧的变量（这里是 line 变量）。恰巧，story 引用的 HTTP 响应对象的类型在以这种方式迭代时，会从响应体中产生连续的文本行，因此 for 循环在 story 变量中一次检索一行文本。for 循环也由冒号终止，这是因为它引入了 for 循环的主体。这是一个新的块，因此要有一个级别的缩进。

对于每一行文本，我们使用 split() 方法将其以空格为边界拆分成单词，我们将这些单词保存在一个单词列表 line_words 中。

现在，我们使用第二个 for 循环，将其嵌套在第一个循环中。第二个 for 循环用于遍历这个单词列表。

使用 append() 将每个单词依次追加到累加的 story_words 列表中。

最后，我们在 3 点提示中输入一个空白行，以关闭所有打开的代码块。在这种情况下，内部 for 循环、外部 for 循环和 with 代码块都将被终止。剩余的代码块将被执行，并且在短暂的延迟之后，Python 会返回正常的三箭头提示。这时候，如果 Python 报出一个错误，如 SyntaxError 或 IndentationError，你应该检查输入的内容，并仔细地重新输入代码，直到 Python 接受整个代码块而不报错。如果收到 HTTPError，此时你无法通过 Internet 获取资源，你应该检查网络连接，稍后再尝试一次，同时也需要检查是否正确地输入了 URL。

我们可以通过访问 Python 对 story_words 进行求值，从而查看我们收集的单词：

```
>>> story_words
[b'It', b'was', b'the', b'best', b'of', b'times', b'it', b'was', b'the',
b'worst', b'of', b'times',b'it', b'was', b'the', b'age', b'of', b'wisdom',
b'it', b'was', b'the', b'age', b'of', b'foolishness', b'it', b'was',
b'the', b'epoch', b'of', b'belief', b'it', b'was', b'the', b'epoch', b'of',
b'incredulity', b'it', b'was', b'the', b'season', b'of', b'Light', b'it',
b'was', b'the', b'season', b'of', b'Darkness', b'it', b'was', b'the',
b'spring', b'of', b'hope', b'it', b'was', b'the', b'winter', b'of',
b'despair', b'we', b'had', b'everything', b'before', b'us', b'we', b'had',
b'nothing', b'before', b'us', b'we', b'were', b'all', b'going', b'direct',
b'to', b'Heaven', b'we', b'were', b'all', b'going', b'direct', b'the',
b'other', b'way', b'in', b'short', b'the', b'period', b'was', b'so',
b'far', b'like', b'the', b'present', b'period', b'that', b'some', b'of',
b'its', b'noisiest',b'authorities', b'insisted', b'on', b'its', b'being',
b'received', b'for', b'good', b'or', b'for', b'evil', b'in', b'the',
b'superlative', b'degree', b'of', b'comparison', b'only']
```

对于 Python 来说，在 REPL 中进行试探性编程是非常普遍的，因为它可以让我们在决定使用它们之前，弄清楚这些代码的行为。在这种情况下，请注意，每个单引号包裹的单词都以小写字母 b 作为前缀，这意味着这是一个 bytes 对象列表，但是，我们更希望使用 str 对象列表。这是因为 HTTP 请求通过网络将原始字节传送给我们。

要获取字符串列表，我们应该将每行 UTF-8 中的字节流解码为 Unicode 字符串。我们可以增加 bytes 对象的 decode() 方法的调用，然后对生成的 Unicode 字符串进行操作。Python 的 REPL 支持简单的命令历史，使用向上和向下箭头键可进行查看，你也可以重新输入代码段，然而并不需要重新导入 urlopen，所以可以跳过第一行：

```
>>> with urlopen('http://sixty-north.com/c/t.txt') as story:
...     story_words = []
...     for line in story:
```

```
...            line_words = line.decode('utf-8').split()
...            for word in line_words:
...                story_words.append(word)
...
```

我们修改了第 4 行——当你从命令历史中找到这段代码时，你可以使用左右箭头键来编辑它，以便插入必要的 decode() 调用。当重新运行该块并查看 story_words 时，我们应该看到一个字符串列表：

```
>>> story_words
['It', 'was', 'the', 'best', 'of', 'times', 'it',
'was', 'the', 'worst', 'of', 'times', 'it', 'was', 'the', 'age', 'of',
'wisdom', 'it', 'was', 'the', 'age', 'of', 'foolishness', 'it', 'was',
'the', 'epoch', 'of', 'belief', 'it', 'was', 'the', 'epoch', 'of',
'incredulity', 'it', 'was', 'the', 'season', 'of', 'Light', 'it',
'was', 'the', 'season', 'of', 'Darkness', 'it', 'was', 'the',
'spring', 'of', 'hope', 'it', 'was', 'the', 'winter', 'of', 'despair',
'we', 'had', 'everything', 'before', 'us', 'we', 'had', 'nothing',
'before', 'us', 'we', 'were', 'all', 'going', 'direct', 'to',
'Heaven', 'we', 'were', 'all', 'going', 'direct', 'the', 'other',
'way', 'in', 'short', 'the', 'period', 'was', 'so', 'far', 'like',
'the', 'present', 'period', 'that', 'some', 'of', 'its', 'noisiest',
'authorities', 'insisted', 'on', 'its', 'being', 'received', 'for',
'good', 'or', 'for', 'evil', 'in', 'the', 'superlative', 'degree',
'of', 'comparison', 'only']
```

刚才这种情况，在 Python REPL 中修改代码时，明显感觉不是很方便。在下一章中，我们将介绍如何将此代码移动到便于在文本编辑器中使用的文件中。

2.9 小结

- strUnicode 字符串和 bytes 字符串。

  ◆ 我们认识了用于引用字符串的多种形式的引号（单引号或者双引号），这对我们在字符串中使用引号很有帮助。对于所使用的引用风格，Python 很灵活，但是在界定一个特别的字符串时，必须保持风格一致。

  ◆ 本章演示了所谓的三重引号，它由 3 个连续的引号字符组成，可用于界定多行字符串。习惯上，每个引用字符都使用双引号，尽管它也可以使用单引号。

◆ 我们了解了相邻的字符串字面量是如何隐式连接的。

◆ Python 支持通用换行符，所以，不管你使用什么平台，只要使用单个 /n 就足够了。在 I/O 时，它都会被适当地转换为原生的换行符。

◆ 转义序列提供了将换行符和其他控制字符并入文字字符串的可选方法。

◆ 对于 Windows 文件系统路径或正则表达式，用于转义的反斜杠可能是个障碍，因此可以使用具有 r 前缀的原始字符串来抑制转义机制。

◆ 使用 str() 构造函数可以将其他类型（如整数）转换成字符串。

◆ 单独的字符以包含单个字符的字符串返回，可以在方括号中使用从 0 开始的整数索引来检索。

◆ 字符串通过它们的方法支持各种各样的操作，如拆分。

◆ 在 Python 3 中，字符串字面量可以直接在源文中包含任何 Unicode 字符，这些字符默认都会被解释为 UTF-8。

◆ bytes 类型具有字符串的许多功能，但它是以 bytes 为单位的序列，而不是 Unicode 码位序列。

◆ bytes 字面量都是以小写的 b 作为前缀。

◆ 为了在字符串和字节实例之间转换，我们使用 str 的 encode() 方法或者 bytes 的 decode() 方法。在使用它们时，需要传入我们必须预先知道的编解码器的名称。

● list 字面量。

◆ 列表是可变的，是异构的对象序列。

◆ 列表字面量使用中括号包裹，里面的每一项使用逗号分隔。

◆ 可以在方括号中使用从零开始的整数索引来检索单独的元素。

◆ 与字符串不同，单个列表元素可以通过给索引项赋值来替换。

◆ 列表可以通过 append() 方法增长，该方法可以向列表中追加元素。列表也可以使用 list() 构造函数从其他序列构建。

● dict。

◆ 字典用键关联了值。

◆ 字典字面量使用花括号包裹。键值对使用逗号分隔，每一个键通过一个冒号与相应的值进行关联。

● for 循环。

◆ for 循环从一个可迭代对象（如列表）中逐个获取项目，并将相同的变量绑定到当前项中。

◆ for 循环对应于其他语言中所谓的 for-each 循环。

本书不会涉及正则表达式（也称为正则）。正则表达式的更多信息，请参考 Python 标准库 re 模块的文档。

第 3 章
模块化

对于大多数的软件系统，模块化是一个重要的属性，因为我们能够通过模块来创建独立、可重用的部件，我们可以把模块结合在一起，以新的方式来解决不同的问题。与大多数编程语言类似，Python 中最细微的模块化功能就是定义可重用的函数，同时 Python 也为我们提供了其他强大的模块化机制。

相关函数的集合组合成一个整体的形式，该形式称为模块（module）。模块就是可以被其他代码引用的源代码文件，可以在一个模块中使用定义在另一个模块中的函数。只要注意避免任何循环依赖，那模块就是简单且灵活的组织程序的方式。

在前面的章节中，我们了解到可以将模块导入到 REPL 中。本章将向你展示如何以程序或脚本的方式直接执行模块。作为本章内容的一部分，我们将研究 Python 执行模型，以确保你能完全理解代码是何时求值且执行的。在本章最后，我们将向你展示如何使用命令行参数将基本配置数据导入到程序中并使程序可执行。

本章将从上一章结尾处开发的从网上获取文本文档的代码片段开始。我们通过将其组织成一个完全成熟的 Python 模块来阐述该代码。

3.1　在一个 .py 文件中组织代码

本节从第 2 章中的代码片段开始。打开一个文本编辑器——最好是一个支持 Python

语法高亮显示的文本编辑器，并且在按 Tab 键时，该编辑器可以将代码格式配置为每个缩进级别插入 4 个空格。你还应该检查编辑器是否使用 UTF-8 编码保存文件，这是 Python 3 运行时期望的。

在用户目录下创建一个名为 pyfund 的目录，我们将把本章的代码放在该目录下。

所有 Python 源文件都使用 .py 扩展名，把在 REPL 编写的代码段放入名为 pyfund/words.py 的文件中。该文件的内容应如下所示：

```python
from urllib.request import urlopen

with urlopen('http://sixty-north.com/c/t.txt') as story:
    story_words = []
    for line in story:
        line_words = line.decode('utf-8').split()
        for word in line_words:
            story_words.append(word)
```

你会注意到以上代码和我们之前在 REPL 上写的代码之间有一些细微差异。现在使用一个文本文件来编写代码，这次要更加注意可读性，例如在 import 语句之后放一个空行。

保存文件，然后继续。

3.1.1　从操作系统 shell 运行 Python 程序

使用操作系统的 shell 提示符以切换到控制台，并切换到新的 pyfund 目录：

```
$ cd pyfund
```

我们可以通过调用 Python 并传递模块的文件名来执行模块，如果在 Mac 或 Linux 上，命令如下所示：

```
$ python3 words.py
```

当在 Windows 上时：

```
$ python words.py
```

按 Enter 键，在短暂的延迟后，系统将返回系统提示符。这给人的印象不是非常深刻，如果没有回应，那么这意味着程序正如预期的那样运行。如果你看到一些错误，那就是程序出错了。例如，出现 `HTTPError` 错误表示存在网络问题，而其他类型的错误可能意味着你的代码输入有误。

在程序的末尾再加上一个循环来实现每行打印一个字的功能。将下面这行代码添加到 Python 文件的末尾：

```
for word in story_words:
    print(word)
```

如果你使用命令提示符并再次执行代码，你应该会看到输出。现在，我们以一个可用的程序开始，继续学习！

3.1.2　将模块导入到 REPL 中

你也可以将模块导入到 REPL 中，现在来试试，看看会发生什么。启动 REPL 并导入模块。导入模块时，使用 `import <modulename>`，输入模块名称时省略 .py 扩展名。具体示例如下所示：

```
$ python
Python 3.5.0 (default, Nov 3 2015, 13:17:02)
[GCC 4.2.1 Compatible Apple LLVM 6.1.0 (clang-602.0.53)] on darwin
Type "help", "copyright", "credits" or "license" for more information.
>>> import words
It
was
the
best
of
times
. . .
```

模块中的代码在导入后会立即执行！这可能不是你所期望的，而且也不是很有效。为了更好地控制代码的执行时间，并使它可重用，我们需要把代码放到一个函数中。

3.2 定义函数

我们可以这样来定义函数：使用 def 关键字，后跟函数名，然后是一个由括号包裹的参数列表以及一个冒号来定义新的代码块。现在在 REPL 中快速定义几个函数来理解一下：

```
>>> def square(x):
...     return x * x
...
```

使用 return 关键词可从函数中返回一个值。

如前所述，可以通过在函数名后面的括号中提供实际的参数来调用函数：

```
>>> square(5)
5
```

函数不需要明确返回值——也许它们会产生不想要的效果：

```
>>> def launch_missiles():
...     print("Missiles launched!")
...
>>> launch_missiles()
Missiles launched!
```

你可以使用没有参数的 return 关键字来提前返回结果：

```
>>> def even_or_odd(n):
...     if n % 2 == 0:
...         print("even")
...         return
...     print("odd")
...
>>> even_or_odd(4)
even
>>> even_or_odd(5)
odd
```

如果函数没有明确的返回值，Python 将给函数隐式地添加一个返回值。这个隐式返回值或没有参数的返回值实际上会导致该函数返回 None。不过请记住，REPL 不显示 None，所以我们看不到。将返回的对象保存到一个命名变量中，我们就可以测试 None 了：

```
>>> w = even_or_odd(31)
odd
>>> w is None
True
```

3.3 将模块组织成函数

现在使用函数来组织 words 模块。

首先将 import 语句之外的所有代码移动到一个名为 fetch_words() 的函数中。你只需简单地添加 def 语句并将其下面的代码缩进一个额外的级别即可：

```
from urllib.request import urlopen


def fetch_words():
    with urlopen('http://sixty-north.com/c/t.txt') as story:
        story_words = []
        for line in story:
            line_words = line.decode('utf-8').split()
            for word in line_words:
                story_words.append(word)

    for word in story_words:
        print(word)
```

保存模块，并使用新的 **Python REPL** 重新加载模块：

```
$ python3
Python 3.5.0 (default, Nov 3 2015, 13:17:02)
[GCC 4.2.1 Compatible Apple LLVM 6.1.0 (clang-602.0.53)] on darwin
Type "help", "copyright", "credits" or "license" for more information.
>>> import words
```

导入模块，但是在调用 fetch_words() 函数之前，我们无法获取这些单词：

```
>>> words.fetch_words()
It
was
```

```
the
best
of
times
```

也可以导入特定的函数：

```
>>> from words import fetch_words
>>> fetch_words()
It
was
the
best
of
times
```

到目前为止还不错，如果尝试直接从操作系统 shell 中运行模块时会发生什么？

在 Mac 或 Linux 上使用 Ctrl+D 组合键，在 Windows 上使用 Ctrl+Z 组合键退出 REPL。通过传递模块文件名来运行 Python 3：

```
$ python3 words.py
```

没有单词输出。这是因为所有的模块现在要做的就是定义一个函数，然后立即退出。为了编写一个可以有效地将函数导入到 REPL 中的模块，并且该模块也可以作为脚本运行，我们需要学习一个新的 Python 惯用句法。

__name__ 类型以及从命令行里执行模块

Python 运行时系统定义了一些特殊的变量和属性，其名称由双下划线包裹。__name__ 就是这样的一个特殊变量，它为我们提供了这样一种判断方法：模块通过变量来确定它是否作为脚本运行，而不是被导入到另一个模块或 REPL 中。要查看如何使用，添加以下代码：

```
print(__name__)
```

在 fetch_words() 函数的后面添加模块的结尾。

大声说出 Python

你需要时常地讨论 Python，并且你一定会发现——就像任何编程语言——Python 有一些不符合人类语言的元素。用双重下划线表示的特殊名称是一个很好的例子，因为它们在

Python 中是普遍存在的。坦白地说，在你开始考虑改变职业之前，你只能重复说"双下划线名称双下划线"。为了缓解这种情况，Pythonistas 中的一个常见做法是使用"dunder"一词用作"被双重下划线包裹"的简称。所以，例如，＿ ＿name＿ ＿的发音就是"dunder name"。还有一个额外的好处，说"dunder"是有趣的！尝试一下，我保证你会感觉更好。

首先，我们将修改后的 words 模块导入 REPL：

```
$ python3
Python 3.5.0 (default, Nov 3 2015, 13:17:02)
[GCC 4.2.1 Compatible Apple LLVM 6.1.0 (clang-602.0.53)] on darwin
Type "help", "copyright", "credits" or "license" for more information.
>>> import words
words
```

可以看到，当导入模块时，＿＿name＿＿的值确实就是模块的名称。

简而言之，如果再次导入模块，程序则不会执行 print 语句。模块中的代码只会被执行一次，即第一次导入的时候：

```
>>> import words
>>>
```

现在来尝试将模块作为一个脚本运行：

```
$ python3 words.py
__main__
```

在这种情况下，特殊＿＿name＿＿变量等于由双下划线包裹的 main 字符串。模块可以使用上述来检测其使用方式。使用 if 语句替换 print 语句，if 语句会测试＿＿name＿＿变量值。如果该值等于＿＿main＿＿，那么函数将会执行：

```
if __name__ == '__main__':
    fetch_words()
```

现在可以安全地导入模块了，且不会伴有函数的不适当执行：

```
$ python3
>>> import words
>>>
```

也可以将函数作为一个脚本来运行：

```
$ python3 words.py
It
was
the
best
of
times
```

3.4　Python 执行模型

为了有一个非常扎实的 Python 基础，了解 Python 执行模型（*execution model*）很重要。这里，我们指的是模块导入和执行期间的函数定义以及其他重要事件的准确的规则定义。为了帮助你深入理解定义，我们将专注于 def 关键字，尽管你已经比较熟悉它了。一旦你理解了 Python 如何处理 def，那么你就掌握了需要了解的大部分的 Python 执行模型的内容。

重要的是要明白这一点：def 不仅仅是声明，也是*语句*。这意味着，def 实际上是在运行时与其他顶级模块范围的代码一起被执行的。def 将函数体中的代码绑定到 def 后面的名称。当导入或运行模块时，程序将运行所有顶级声明，这是模块命名空间中的定义函数的方法。

再次重申，def 在运行时执行。这与许多其他语言，特别是 C++、Java 和 C＃等编译语言如何处理函数定义非常不同。在这些语言中，函数定义由编译器在编译时处理，而不是在运行时处理。在程序实际执行时，这些函数定义是固定的。Python 没有编译器，除了源代码之外，函数不会以任何形式存在——直到执行。实际上，由于只有在导入函数并处理 def 时，函数才会被确定，因此未被导入的模块中的函数永远不会被确定。

了解 Python 函数定义的这种动态性质对于了解本书后面所讲的重要概念至关重要，因此请确保你已经掌握了这些内容。如果你已经访问过 Python 调试器，例如在 IDE 中导入 word.py 模块，那么你可能花费一些时间来单步调试它。

模块、脚本以及程序之间的区别

有时我们会询问 Python 模块、Python 脚本和 Python 程序之间的区别。任何 .py 文

件都可以构成一个 Python 模块，但是编写模块是为了方便导入或执行，使用 if
__name__ =="__main__"惯用句法也可以达到同样的效果。

强烈建议即使简单的脚本也做成可导入的，因为如果你从 Python REPL 访问代码，
那么这有利于开发和测试。而且，只要在生产环境中导入的模块都要有可执行的测试代
码。由于这个原因，我们创建的所有模块绝大多数有这种形式，定义一个或多个可导入
的函数，也定义一些附加脚本以方便执行。

无论你将模块视为 Python 脚本还是 Python 程序，这都是上下文和使用的问题。认
为 Python 仅仅是一个脚本工具（对比 Windows 批处理文件或 UNIX shell 脚本），这绝对
是错误的，因为许多大型、复杂的应用程序都是使用 Python 构建的。

3.5　创建带有命令行参数的主函数

现在来进一步细化我们的单词提取模块。首先来执行一个小的重构，将单词检索和
收集与单词的输出分开：

```
from urllib.request import urlopen


# 获取单词并返回一个单词列表
def fetch_words():
    with urlopen('http://sixty-north.com/c/t.txt') as story:
        story_words = []
        for line in story:
            line_words = line.decode('utf-8').split()
            for word in line_words:
                story_words.append(word)
    return story_words


# 输出单词列表
def print_words(story_words):
    for word in story_words:
        print(word)
```

```
if __name__ == '__main__':
    words = fetch_words()
    print_words(words)
```

这样做是因为它分离了两个重要的关注点：在导入时，我们宁愿获取单词列表；在直接运行时，我们更喜欢输出这些单词。

接下来，我们将从 if__name__ =='__main__'代码块中将代码提取到一个 main()函数中：

```
def main():
    words = fetch_words()
    print_words(words)


if __name__ == '__main__':
    main()
```

通过将此代码移动到函数中，我们可以在 REPL 中进行测试，而在模块范围的 if 代码块中这是不可能的。

现在我们可以在 REPL 中使用这些函数：

```
>>> from words import (fetch_words, print_words)
>>> print_words(fetch_words())
```

我们利用这个机会接着介绍几种新形式的导入语句。第一种新形式是使用逗号分隔列表并从模块导入多个对象。括号是可选的，如果列表很长，那么可以在括号中可以将其拆分成多行。这种形式可能是应用最广泛的 import 语句形式之一。

第二种新形式是使用星号通配符从模块导入所有内容：

```
>>> from words import *
```

最后一种形式仅适用于在 REPL 中临时使用。它可能会在程序中造成严重破坏，因为导入的内容现在可能超出了你的控制范围，在未来的某个时间可能造成潜在命名空间的冲突。

完成此操作后，我们可以从 URL 中获取字词：

```
>>> fetch_words()
['It', 'was', 'the', 'best', 'of', 'times', 'it', 'was', 'the',
```

```
'worst','of', 'times', 'it', 'was', 'the', 'age', 'of', 'wisdom', 'it',
'was','the', 'age', 'of', 'foolishness', 'it', 'was', 'the', 'epoch',
'of','belief', 'it', 'was', 'the', 'epoch', 'of', 'incredulity', 'it',
'was','the', 'season', 'of', 'Light', 'it', 'was', 'the', 'season',
'of','Darkness', 'it', 'was', 'the', 'spring', 'of', 'hope', 'it', 'was',
'the','winter', 'of', 'despair', 'we', 'had', 'everything', 'before', 'us',
'we','had', 'nothing', 'before', 'us', 'we', 'were', 'all', 'going',
'direct','to', 'Heaven', 'we', 'were', 'all', 'going', 'direct', 'the',
'other','way', 'in', 'short', 'the', 'period', 'was', 'so', 'far', 'like',
'the','present', 'period', 'that', 'some', 'of', 'its', 'noisiest',
'authorities','insisted', 'on', 'its', 'being', 'received', 'for', 'good',
'or', 'for','evil', 'in', 'the', 'superlative', 'degree', 'of',
'comparison', 'only']
```

由于我们已经将提取代码与输出代码分开，所以还可以输出任何列表：

```
>>> print_words(['Any', 'list', 'of', 'words'])
Any
list
of
words
```

甚至可以运行主程序：

```
>>> main()
It
was
the
best
of
times
```

请注意，print_words() 函数并不关心列表中的项目的类型，它能输出数字列表：

```
>>> print_words([1, 7, 3])
1
7
3
```

print_words() 不是一个特别好的名字。实际上，该函数没有提到列表——它能输出任何 for 循环能够迭代的集合，例如字符串：

```
>>> print_words("Strings are iterable too")
S
```

```
t
r
i
n
g
s

a
r
e

i
t
e
r
a
b
l
e

t
o
o
```

所以让我们进行一次小规模的重构——将这个函数重命名为 print_items()。改变函数内的变量名以适应当前的重构：

```
def print_items(items):
    for item in items:
        print(item)
```

接下来将进一步讨论 Python 中的动态类型，我们可以通过动态类型在下一个模块中实现这种程度的灵活性。

最后，模块的一个明显的改进是用可以传入的参数值替换硬编码的 URL。我们将该值提取为 fetch_words() 函数的参数：

```
def fetch_words(url):
    with urlopen(url) as story:
        story_words = []
        for line in story:
            line_words = line.decode('utf-8').split()
            for word in line_words:
                story_words.append(word)
```

```
    return story_words
```

接收命令行参数

最后一种形式实际上破坏了 main() 方法，因为我们没有给它传递新的 URL 参数。当我们将模块作为独立程序运行时，我们需要通过命令行参数接收 URL。通过 sys 模块的 argv 属性可以访问 Python 中的命令行参数，即字符串列表。要使用它，我们必须在程序顶部导入 sys 模块：

```
import sys
```

然后列表中获得第二个参数（索引为 1）：

```
def main():
    url = sys.argv[1]
    words = fetch_words(url)
    print_items(words)
```

程序会按照预期运行：

```
$ python3 words.py http://sixty-north.com/c/t.txt
It
was
the
best
of
times
```

这看起来很好，直到我们发现不能再从 REPL 中有效地测试 main()，因为它引用了在该环境中不太可能获得的值 sys.argv[1]：

```
$ python3
Python 3.5.0 (default, Nov 3 2015, 13:17:02)
[GCC 4.2.1 Compatible Apple LLVM 6.1.0 (clang-602.0.53)] on darwin
Type "help", "copyright", "credits" or "license" for more information.
>>> from words import *
>>> main()
Traceback (most recent call last):
  File "<stdin>", line 1, in <module>
File"/Users/sixtynorth/projects/sixty-north/the-pythonapprentice/manuscript/
code/pyfund/words.py",line 21, in main
    url = sys.argv[1]
IndexError: list index out of range
```

>>>

解决方法是将参数列表作为正式参数传递给 main() 函数，并将 sys.argv 作为 if __name__ =='__main__'代码块中的实际参数：

```
def main(url):
    words = fetch_words(url)
    print_items(words)


if __name__ == '__main__':
    main(sys.argv[1])
```

再次在 REPL 中进行测试，我们可以看到一切都按预期运行：

```
>>> from words import *
>>> main("http://sixty-north.com/c/t.txt")
It
was
the
best
of
times
```

Python 是开发命令行工具的利器，你可能会发现在许多情况下都需要处理命令行参数。对于更复杂的命令行处理，我们推荐使用 Python 标准库的 argparse 模块或受启发的第三方 docopt 模块。

3.6　禅之刻

你会注意到，模块级函数之间有两个空行。这是现代 Python 代码的约定。

PEP 8 风格指南通常在模块级函数之间使用两条空行。我们发现这个约定对用户来说很友好，这样做代码更容易浏览。类似，我们使用单个空行来进行函数中的逻辑中断。

3.7　docstrings

之前讲解过如何在 REPL 上查看有关 Python 函数的帮助。现在，我们来看看如何将自动文档功能添加到模块中。

Python 中的 API 文档使用了名为 `docstrings` 的工具。`docstrings` 是字符串字面量，一般为命名代码块中的第一个语句，如函数或模块。现在来给 `fetch_words()` 函数增加文档：

```
def fetch_words(url):
    """从 URL 获取单词列表。"""
    with urlopen(url) as story:
        story_words = []
        for line in story:
            line_words = line.decode('utf-8').split()
            for word in line_words:
                story_words.append(word)
    return story_words
```

这里使用了三引号字符串，即使对于单行文本字符串也使用三引号字符串，从而可以轻松地扩展它们以添加更多的细节。

PEP 257 中记录了一个用于 `docstrings` 的 Python 约定，但它并没有得到广泛的采用。各种工具（如 Sphinx）可用于从 Python 的 `docstrings` 构建 HTML 文档，并且每个工具都首选 `docstrings` 格式。我们倾向使用于 Google 的 Python 风格指南中提供的形式，因为它可以在计算机上解析，同时在控制台上仍然可读：

```
def fetch_words(url):
    """从 URL 获取单词列表。

    Args:
        url: UTF-8 文本文档的 URL。
```

```
        Returns:
            包含文档中单词的字符串列表。
        """
        with urlopen(url) as story:
            story_words = []
            for line in story:
                line_words = line.decode('utf-8').split()
                for word in line_words:
                    story_words.append(word)
        return story_words
```

现在，我们将从 REPL 中访问 help()：

```
$ python3
Python 3.5.0 (default, Nov 3 2015, 13:17:02)
[GCC 4.2.1 Compatible Apple LLVM 6.1.0 (clang-602.0.53)] on darwin
Type "help", "copyright", "credits" or "license" for more information.
>>> from words import *
>>> help(fetch_words)
```

以下为 words 模块中 fetch_words 函数的帮助文档：

```
fetch_words(url):
    从 URL 获取单词列表。

    Args:
        url: UTF-8 文本文档的 URL。

    Returns:
        包含文档中单词的字符串列表。
```

我们将为其他函数添加类似的 docstrings：

```
def print_items(items):
    """每行输出一项。
    Args:
        items: 可迭代，可输出的一系列项目。
    """
    for item in items:
        print(item)



def main(url):
```

```
    """"输出从 URL 获得的文本文档中的每一个单词。
    Args:
        url: UTF-8 文本文档的 URL。
    """
    words = fetch_words(url)
    print_items(words)
```

docstrings 用于模块本身。模块 docstrings 应该放在模块的开头，放在任何
语句之前：

```
"""从 URL 中检索并输出单词。

Usage:

    python3 words.py <URL>
"""
import sys
from urllib.request import urlopen
```

现在，当在整个模块上请求 help() 时，我们会得到很多有用的信息：

```
$ python3
Python 3.5.0 (default, Nov 3 2015, 13:17:02)
[GCC 4.2.1 Compatible Apple LLVM 6.1.0 (clang-602.0.53)] on darwin
Type "help", "copyright", "credits" or "license" for more information.
>>> import words
>>> help(words)

Help on module words:

NAME
    words - 从 URL 中检索并输出单词。

DESCRIPTION
    Usage:
        python3 words.py <URL>

FUNCTIONS
    fetch_words(url):
        从 URL 获取单词列表。

        Args:
            url: UTF-8 文本文档的 URL。
```

```
        Returns:
            包含文档中单词的字符串列表。
    main(url)
        输出从 URL 获得的文本文档中的每一个单词。
        Args:
            url: UTF-8 文本文档的 URL。

    print_items(items)
        每行输出一项。
        Args:
            items: 可迭代、可输出的一系列项目。

FILE
    /Users/sixtynorth/the-python-apprentice/words.py
(END)
```

3.8　注释

Python 代码中的大多数文档都应该放在 `docstrings` 中。`docstrings` 解释了如何使用模块提供的功能，而不是讲解它的工作原理。理想情况下，你的代码应该足够干净，不需要辅助说明。 然而，有时候有必要解释为什么要选择特定的方法或使用特定的技术，我们可以使用 Python 的注释来完成。Python 中的注释以#开始，在行尾结束。

作为示范，我们来记录一个事实：在调用 main() 时，我们可能不会立即明白为什么要使用 sys.argv[1] 而不是 sys.argv[0]：

```
if _ _name_ _ == '_ _main_ _':
    main(sys.argv[1]) # 第一个参数是模块的文件名称。
```

3.9　Shebang

在类 UNIX 的系统中，脚本的第一行包含一个特殊的注释——#!，它通常被称为 shebang。程序加载器通过它来识别使用哪个解释器来运行程序。shebang 还有一个额外的功能：可以在文件的顶部方便地记录 Python 的版本是 Python 2 还是 Python 3。

shebang 命令的确切细节取决于 Python 在系统上的位置。典型的 Python 3 shebang 会使用 UNIX 的 env 程序在 PATH 环境变量中找到 Python 3。这很重要，它可以与 Python 虚拟环境兼容：

```
#!/usr/bin/env python3
```

3.9.1 Linux 和 Mac 上可执行的 Python 程序

在 Mac 或 Linux 上，我们必须使用 chmod 命令将脚本标记为可执行文件，然后 shebang 才会生效：

```
$ chmod +x words.py
```

完成后可以直接运行脚本：

```
$ ./words.py http://sixty-north.com/c/t.txt
```

3.9.2 Windows 上可执行的 Python 程序

从 Python 3.3 开始，Python 在 Windows 上也支持通过 shebang 使用正确版本的 Python 解释器直接执行 Python 脚本。甚至在某些程度上，shebang 似乎只能在类 UNIX 系统上工作，但其实在 Windows 中它也可以按照预期正常运行。这是因为 Windows Python 发行版现在使用了一个名为 PyLauncher 的程序。PyLauncher 的可执行文件简称为 py.exe，它将解析 shebang 并找到适当的 Python 版本。

例如，在 Windows 的 cmd 提示符下，此命令能使用 Python 3 来运行脚本（即使你也安装了 Python 2）：

```
> words.py http://sixty-north.com/c/t.txt
```

在 Powershell 中，它等效于：

```
PS> .\words.py http://sixty-north.com/c/t.txt
```

你可以在 PEP 397 中了解到更多关于 PyLauncher 的信息。

3.10 小结

- Python 模块

    - 放在*.py 文件中的 python 代码叫作模块。

    - 通过将模块作为 Python 解释器的第一个参数传入可直接运行它们。

    - 可以将模块导入 REPL，此时，模块中所有的顶级声明都会按顺序执行。

- Python 函数

    - 命名函数使用 def 关键字定义，后跟函数名称和由括号包裹的参数列表。

    - 函数可以使用 return 语句返回对象。

    - 无参的 return 语句返回 None，每个函数体末尾也隐式返回 None。

- 模块执行

    - 我们可以通过检查特殊__name__变量的值来检测模块是否已被导入或执行。如果它等于字符串__main__，我们的模块直接作为程序执行。在模块结尾使用顶级语句 if __name__ == '__main__'惯用句法，如果满足这个条件，我们可以执行函数，从而可以有效地导入和执行模块，同时，还可以给短脚本增加重要的测试。

    - 模块中的代码只会在第一次导入的时候被执行一次。

    - def 关键字是将可执行代码绑定到函数名的语句。

    - 可以通过 sys 模块的 argv 属性访问字符串列表形式的命令行参数。索引为 0 的命令行参数是脚本文件名，因此索引为 1 的项才是第一个真正的参数。

    - Python 动态类型意味着我们的函数对于参数的类型可能是通用的。

- Docstrings

◆ 函数的 docstrings 是位于函数定义第一行的字符串字面量。它们通常是由三引号包裹的、包含使用信息的多行字符串。

◆ 可以使用 REPL 中的 help() 来检索 docstrings 提供的函数文档。

◆ 模块的 docstrings 放置在模块的开头，放在任何 Python 语句（如 import 语句）之前。

注释

◆ Python 中的注释以#字符开头，并持续到行尾。

◆ 模块的第一行可以包含一个名为 shebang 的特殊注释，程序加载器会根据它所在的平台来启动正确的 Python 解释器。

从技术上讲，模块不是简单的源代码文件，但是在本书中，这样定义已经足够了。

● 从技术上讲，有些编译型语言提供了运行时动态定义函数的机制。然而，这些方法在绝大多数情况下是例外而不是规则。

● 实际上 Python 代码被编译成字节码，所以从这个意义看，Python 内含一个编译器。但是与流行的编译型、静态类型的语言相比，Python 编译器进行了大量不同的工作。

第 4 章
内置类型和对象模型

Python 语言的最基本的设计元素之一是对象。对象是主要的数据结构，它不仅是用户级别的语法结构，而且也是语言本身的内部工作机制。在本章中，我们将从原理和实践两个角度来讲解这些知识，希望你能领会 Python 中无处不在的对象。

我们将学习什么是对象，如何使用对象，以及如何管理对象的引用。我们还将开始探索 Python 中类型的概念，并且讲解 Python 的类型与许多其他流行语言的类型之间的相同点和不同点。在本章，我们还将更深入地了解已经用到的一些集合类型，并介绍一些其他的集合类型。

4.1　Python 对象引用的本质

在之前的章节中，我们已经讨论并使用了 Python 中的"变量"，那变量究竟是什么？将一个整数赋值给一个变量：

```
>>> x = 1000
```

当我们这样做时，到底发生了什么呢？首先，Python 创建了一个值为 1000 的 int 对象。该对象是匿名的，它的本身并不具有名称（x 或其他）。它只是一个 Python 运行时由系统分配和跟踪的对象。

创建对象后，Python 创建了一个名为 x 的对象引用（object reference），并安排 x 指向 int(1000) 对象，如图 4.1 所示。

图 4.1　将值为 1000 的整数对象赋值给 x

4.1.1　引用重赋值

现在我们将通过重赋值来修改 x 的值：

```
>>> x = 500
```

这并不会改变我们之前构造的 int(1000) 对象。Python 中的整数对象是不可变的，也无法被更改。实际上，过程是这样的：Python 首先创建一个值为 500 的新的不可变整数对象，然后将 x 引用重定向到新对象，如图 4.2 所示。

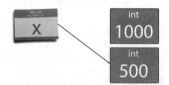

图 4.2　将一个值为 500 的新整数对象重赋值给 x

由于没有了对最初的 int(1000) 对象的引用，所以现在我们无法从代码中访问到它。Python 垃圾收集器可以自由地选择并收集该对象。

4.1.2　将一个引用赋值给另一个引用

当将一个变量赋值给另一个变量时，实际上，我们是将一个对象引用赋值给另一个对象引用，以便两个引用都指向同一个对象。例如，将现有的变量 x 赋值给一个新的变量 y：

```
>>> y = x
```

引用对象图见图 4.3。

现在两个引用都指向相同的对象。我们将另一个新的整数重赋值给 x：

```
>>> x = 3000
```

引用对象图如图 4.4 所示，图 4.4 中显示了之前所提的两个引用和两个对象。

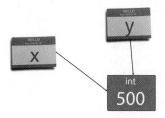

图 4.3　将现有的 x 赋值给 y

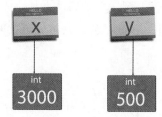

图 4.4　将一个新的整数 3000 赋值给 x

在这种情况下，垃圾收集器不会收集这些对象，因为所有的对象都可以通过存活的引用访问。

4.1.3　探索值并使用 id() 获取标识

接下来，我们使用内置的 id() 函数来深入讲解对象和引用之间的关系。id() 接收任何对象作为参数，并返回一个整数标识符，在对象的生命周期中，它是唯一且不变的。我们先用 id() 重新运行前面的程序：

```
>>> a = 496
>>> id(a)
4302202064
>>> b = 1729
>>> id(b)
4298456016
>>> b = a
>>> id(b)
4302202064
>>> id(a) == id(b)
True
```

我们看到最初的 a 和 b 指向的是不同的对象，因此，id() 给出的每个变量的值是不同的。但是，当我们将 a 赋值给 b 时，它们都指向同一个对象，所以 id() 给出的两者的值是相同的。这里的要点就是：id() 可以用于建立独立于任何特定引用的对象的标识（identity）。

4.1.4　使用 **is** 测试标识的相等性

实际上，实际的 Python 代码很少使用 id() 函数。它的主要用途是在对象模型教程（如本教程）中作一个调试工具。比 id() 函数更常用的是 is 运算符，它用于测试标识的相等性。也就是说，它可以测试两个引用是否指同一个对象：

```
>>> a is b
True
```

我们已经在第 1 章中遇到过 is 运算符，它用于测试 None：

```
>>> a is None
False
```

这是至关重要的，要记住的是，is 始终在测试标识的相等性（identity equality），即两个引用是否指向完全相同的对象。后面我们会深入研究另一个类型的相等性，就是值的相等性（value equality）。

4.1.5　无改变的变动

即使一些看似顺理成章的变动运算本质上也不一定是必须发生的。看一下增强赋值运算符：

```
>>> t = 5
>>> id(t)
4297261280
>>> t += 2
>>> id(t)
4297261344
```

乍一看，似乎 Python 将整数值 t 加 2。但是 id() 的结果清楚地表明：t 在增强赋值前后指向的是两个不同的对象。

没有修改整数对象，只是描述了实际发生的情况。最初，t 指向一个 int(5) 对象，如图 4.5 所示。

接下来，要执行 2 到 t 的增强赋值，Python 会在后台创建一个 int(2) 对象，如图 4.6 所示。请注意，我们从未有对此对象的命名引用；Python 代我们管理它。

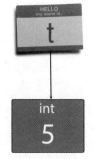

图 4.5　x 指向整数 5

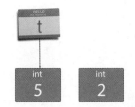

图 4.6　Python 在后台创建一个整数 2

然后，Python 执行 t 和匿名 int(2) 之间的加法运算，你可以猜到另一个整数对象——int(7)，如图 4.7 所示。

最后，Python 的增强赋值运算符将新的 int(7) 对象重赋值给 t，而其他整数对象会被垃圾回收器处理，如图 4.8 所示。

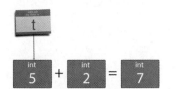

图 4.7　Python 创建一个新的整数作为相加的结果

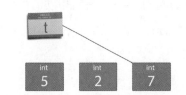

图 4.8　Python 将相加的结果重赋值给 t

4.1.6　引用可变对象

Python 对象显示所有类型的名称绑定行为。赋值运算符只能将对象绑定到名称，它不会复制对象的值。为了使这一点清晰明了，我们来看另一个使用可变对象的例子：列表（list）。与刚刚讲解的不可变的 int 不同，list 对象具有可变状态，这意味着 list 对象的值可以随时改变。

为了说明这一点，我们首先创建一个包含 3 个元素的 list 对象，然后将 list 对象绑定到一个名为 r 的引用上：

```
>>> r = [2, 4, 6]
>>> r
```

```
[2, 4, 6]
```

将引用 r 赋值给一个新的引用 s：

```
>>> s = r
>>> s
[2, 4, 6]
```

这种情况的引用对象图表明，我们有两个引用指向同一 list 实例，如图 4.9 所示。

当修改 s 所指向的列表中的元素时，可以看到 r 所指向的列表也改变了：

```
>>> s[1] = 17
>>> s
[2, 17, 6]
```

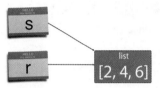

图 4.9　s 和 r 指向相同的 list 对象

```
>>> r
[2, 17, 6]
```

这是因为 s 和 r 指向相同的可变对象，实际上，我们可以使用之前学到的 is 关键字进行验证：

```
>>> s is r
True
```

这里讨论的要点是，Python 中并没有真正的变量，从隐喻的意义上来说，它就是一个持有值的盒子。Python 中只有对对象的命名引用，这些引用的行为更像是允许我们检索对象的标签。也就是说，在 Python 中讨论变量是很常见的，因为它很方便。我们将在本书中继续这样做，确保真正地了解。

4.1.7　值相等（等值）与标识相等

让我们通过测试值相等和标识相等来对比它们的行为。我们将创建两个相同的列表：

```
>>> p = [4, 7, 11]
>>> q = [4, 7, 11]
>>> p == q
True
>>> p is q
False
```

可以看到 p 和 q 指向不同的对象，但是它们指向的对象具有相同的值，如图 4.10 所示。

正如你在测试值相等时所期望的那样，对象应该始终等同于自身：

```
>>> p == p
True
```

从根本上看，值相等和标识相等是不同的"相等"概念，你应该真正地理解它们之间的区别。

值得注意的是，值比较是由编程的方式定义。当你定义类型时，你可以规定该类如何确定值相等。

相比之下，标识比较是由语言定义的，你不能改变这种行为。

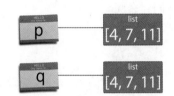

图 4.10　p 和 q 是具有相同值的不同列表对象

4.2　参数传递语义——通过对象引用

现在我们来看看与函数参数和返回值有关的内容。当调用一个函数时，字面意义上我们在现有对象上创建了新的名称绑定（一般在函数定义中声明），该现有对象调用本身的传递。因此，如果你想知道函数是如何工作的，那么重点是要真正理解 Python 的引用语义。

4.2.1　在函数中修改外部对象

为了说明 Python 的参数传递语义，我们将在 REPL 中定义一个函数，它将一个值追加到列表中并输出修改的列表。首先，创建一个名为 m 的列表：

```
>>> m = [9, 15, 24]
```

然后，定义一个函数 modify()，它对传入的列表进行追加和输出。该函数接收一个名为 k 的单一形参：

```
>>> def modify(k):
...     k.append(39)
```

```
...     print("k =", k)
...
```

随后，调用 modify()，传入实参 m：

```
>>> modify(m)
k = [9, 15, 24, 39]
```

该程序确实输出了修改后的拥有 4 个元素的列表。但是函数之外的列表引用 m 现在指向什么呢？

```
>>> m
[9, 15, 24, 39]
```

m 所指向的列表已被修改，它与函数内部的 k 指向是同一个列表。正如我们在本节开头提到的那样，当将一个对象引用传递给一个函数时，本质上，我们是将实参引用 m 赋值给形参引用 k，如图 4.11 所示。

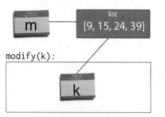

图 4.11　函数内外的变量指向同一列表

正如我们所看到的，赋值就是让被赋值的引用指向源值引用所指向的对象，这就是赋值的运行原理。如果你想通过一个函数来修改一个对象的副本，那么函数有责任复制对象。

4.2.2　在函数中绑定新对象

我们来看另一个有启发性的例子。首先，创建一个新的列表 f：

```
>>> f = [14, 23, 37]
```

然后，创建一个新的函数 replace()。这个函数不会修改参数，而是会改变参数指向的对象：

```
>>> def replace(g):
...     g = [17, 28, 45]
...     print("g =", g)
...
```

现在，使用实参 f 来调用 replace()：

```
>>> replace(f)
```

```
g = [17, 28, 45]
```

这是我们期望的。但现在外部引用 f 的值是多少？

```
>>> f
[14, 23, 37]
```

对象引用 f 仍然指向最初的、未被修改的列表。这一次，函数没有修改传入的对象。那到底发生了什么呢？

答案是这样的：对象引用 f 赋值给形参 g，所以 g 和 f 确实指向了同一个对象，如图 4.12 所示，正如前面的例子。

然而，在函数的第一行，我们对引用 g 重新赋值，让它指向一个新构造的列表 [17,28,45]。因此，在函数内，对最初的[14,23,37]列表的引用被覆盖了，尽管函数外的 f 引用仍然指向未被修改的列表对象，如图 4.13 所示。

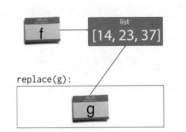

图 4.12　最初 f 和 g 指向相同的列表对象

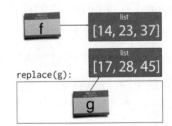

图 4.13　重赋值后，f 和 g 指向不同的对象

4.2.3　参数传递是引用绑定

我们可以看到，可以通过函数的参数引用修改对象，同时也可以将参数引用重新绑定到新的值。如果要更改列表参数的内容，并且使之在函数之外可见，你可以像下面这样修改列表的内容：

```
>>> def replace_contents(g):
...     g[0] = 17
...     g[1] = 28
...     g[2] = 45
...     print("g =", g)
```

```
...
>>> f
[14, 23, 37]
>>> replace_contents(f)
g = [17, 28, 45]
```

事实上，如果检查 f 的内容，会看到它们已被修改：

```
>>> f
[17, 28, 45]
```

函数参数就是通过所谓的"通过对象引用传递"被传递的。这意味着引用的值被复制到函数参数中，而不是它所指向的对象的值被复制，没有对象被复制。

4.3 Python 的 `return` 语义

Python 的 return 语句使用与函数参数相同的、通过对象引用传递（pass-by-object-reference）的语义。当你从 Python 中的函数返回对象时，你正在做的是将对象引用传递给调用者。如果调用者将返回值赋值给一个引用，那么程序只是为返回的对象分配一个新的引用。这使用了与我们所看到的显式引用赋值和参数传递完全相同的语义和机制。

我们可以通过编写一个简单地返回其唯一参数的函数来证明这一点：

```
>>> def f(d):
...     return d
...
```

如果我们创建了一个对象，如列表，并将它传入到这个简单的函数，可以看到这个函数返回的对象与我们传递的对象相同：

```
>>> c = [6, 10, 16]
>>> e = f(c)
>>> c is e
True
```

记住，只有当两个变量指向确切的同一对象时才返回 True，所以这个例子表明我们没有复制列表对象。

4.4　函数参数详解

现在理解了对象引用和对象之间的区别，接下来，我们将进一步讲解函数参数的功能。

4.4.1　默认参数值

当使用 def 关键字定义函数时，我们需要指定函数的形式参数。形式参数是用逗号分隔的参数名称列表。通过提供默认值我们可以将这些参数设为可选参数。考虑一个向控制台输出简单横幅的函数，如下：

```
>>> def banner(message, border='-'):
...     line = border * len(message)
...     print(line)
...     print(message)
...     print(line)
...
```

该函数有两个参数，我们提供了一个默认值'_'，在这里它是在一个文本字符串中。当使用默认参数定义函数时，具有默认值的参数必须放在没有默认值的参数之后，否则将会得到一个 SyntaxError 错误。

在函数的第二行，我们将 border 字符乘以 message 字符串的长度。此行展示了两个有趣的功能。首先，它演示了如何使用内置的 len() 函数来确定 Python 集合中的项目数量。其次，它展示了如何将一个字符串（在这种情况下是单个字符串边框）乘以一个整数，结果会得到一个新字符串，该结果包含重复多次的最初的字符串。我们使用这个功能使字符串长度等于 message 字符串的长度。

在第 3~5 行，我们输出了等长的 border、message 和 border。

当调用 banner() 函数时，我们不需要提供 border 字符串，因为已经提供了一个默认值：

```
>>> banner("Norwegian Blue")
--------------
```

```
Norwegian Blue
--------------
```

但是，如果提供了可选参数，那结果就不同了。当提供可选参数时：

```
>>> banner("Sun, Moon and Stars", "*")
*********************
Sun, Moon and Stars
*********************
```

4.4.2　关键字参数

在生产级代码中，函数调用不会有详细的说明。我们可以通过在调用端命名 border 参数来改善这种情况：

```
>>> banner("Sun, Moon and Stars", border="*")
*********************
Sun, Moon and Stars
*********************
```

在这种情况下，message 字符串称为"位置参数"（positional argument），border 字符串称为"关键字参数"（keyword argument）。在调用中，位置参数与函数定义中声明的形式参数顺序匹配。另一方面，关键字参数与名称匹配。如果使用两个参数的关键字参数，那就可以以任何顺序提供它们：

```
>>> banner(border=".", message="Hello from Earth")
................
Hello from Earth
................
```

记住，所有关键字参数必须在位置参数之后指定。

4.4.3　何时对默认参数进行求值

当想为函数提供默认参数值时，可以通过提供一个表达式（expression）来实现。这个表达式可以是一个简单的字面值，也可以是一个更复杂的函数调用。事实上，为了使用提供的默认值，Python 必须在某一刻对表达式求值。

因此，准确地理解 Python 何时对默认值表达式进行求值至关重要。这将帮助你避免常见的陷阱，Python 新手常常会遇到这些问题。接下来使用 Python 标准库的 time 模块来认真地研究这个问题：

```
>>> import time
```

通过使用 time 模块的 ctime() 函数，我们可以轻松获取当前时间，并将其作为可读字符串：

```
>>> time.ctime()
'Sat Feb 13 16:06:29 2016'
```

我们来写一个函数，它把从 ctime() 获取的值作为默认参数值：

```
>>> def show_default(arg=time.ctime()):
...     print(arg)
...
>>> show_default()
Sat Feb 13 16:07:11 2016
```

到目前为止一切正常，但请注意，几秒后再次调用 show_default() 时会发生什么：

```
>>> show_default()
Sat Feb 13 16:07:11 2016
```

再调用：

```
>>> show_default()
Sat Feb 13 16:07:11 2016
```

你可以看到，显示的时间没有随时间发生变化。

回想一下我们对 **def** 的解释：def 是一个声明，当执行程序时它把函数定义绑定到一个函数名称上。那么，当执行 def 声明时，默认参数表达式只能被求值一次。在许多情况下，默认值是一个简单的不变的常量，如整数或字符串，这不会引起任何问题。但是，当你使用可变集合（如将列表作为参数默认值）时，通常会遇到这种令人困惑的陷阱。

我们来看看吧。考虑将一个空列表作为默认参数的函数。它接收一个字符串列表 menu，然后将项目 spam 追加到列表中，并返回修改了的 menu：

```
>>> def add_spam(menu=[]):
...     menu.append("spam")
```

```
...        return menu
...
```

创造一个简单的、包含 bacon 和 eggs 的 breakfast 列表：

```
>>> breakfast = ['bacon', 'eggs']
```

自然而然，我们会向它追加 spam：

```
>>> add_spam(breakfast)
['bacon', 'eggs', 'spam']
```

对 lunch 列表做同样的操作：

```
>>> lunch = ['baked beans']
>>> add_spam(lunch)
['baked beans', 'spam']
```

到目前为止没有出现意外，但是看看当你不传递现有菜单而依赖于默认参数时，会发生什么：

```
>>> add_spam()
['spam']
```

当我们将 spam 追加到空的 menu 中时，我们会获得 spam。这可能还是你所期望的，但如果我们再次这样做，那么会在 menu 中追加两个 spam：

```
>>> add_spam()
['spam', 'spam']
```

第 3 次：

```
>>> add_spam()
['spam', 'spam', 'spam']
```

第 4 次：

```
>>> add_spam()
['spam', 'spam', 'spam', 'spam']
```

这里发生了什么呢？首先，当执行 def 声明时，用于默认参数的空列表只会被创建一次。这是一个正常的列表，就像迄今为止所看到的其他任何列表一样，然后，Python 将使用这个确切的列表来执行整个程序。

这是第一次实际使用默认值，结果将 spam 直接追加到默认 list 对象中。当第二次使用默认值时，我们使用相同的默认 list 对象——刚将 spam 追加到这个对象——并且向它追加了第二个 spam 实例。第三次调用增加了第三个 spam，可以无限地追加。也许你会因重复而厌烦。

　　此问题的解决方案是直截了当的，但也许并不明显：**始终将不可变对象（如整数或字符串）作为默认值**。遵循这个建议，我们可以通过将不可变的 None 对象作为哨兵来解决这个特殊情况：

```
>>> def add_spam(menu=None):
...     if menu is None:
...         menu = []
...     menu.append('spam')
...     return menu
...
>>> add_spam()
['spam']
>>> add_spam()
['spam']
>>> add_spam()
['spam']
```

我们的 add_spam() 函数可以按照预期工作了。

4.5　Python 的类型系统

　　我们可以通过几个特征来区分不同的编程语言，而其类型系统的性质是其中最重要的特征之一。Python 可以被描述为具有动态（dynamic）和强类型（strong type）的系统。我们来研究一下这是什么意思。

4.5.1　Python 中的动态类型

　　动态类型意味着在程序运行之前，我们无法确定对象引用的类型，并且在编写程序时也不需要指定类型。看看下面这个简单的函数，它会把两个对象相加：

```
>>> def add(a, b):
...     return a + b
...
```

我们在这个定义中没有提到任何类型，可以在 add() 里使用整数：

```
>>> add(5, 7):
12
```

还可以使用浮点数：

```
>>> add(3.1, 2.4)
5.5
```

你可能会惊讶地发现，使用字符串，它也能正常运行：

```
>>> add("news", "paper")
'newspaper'
```

事实上，add() 函数适用于已经定义了加法运算符的任何类型，如列表：

```
>>> add([1, 6], [21, 107])
[1, 6, 21, 107]
```

这些例子说明了类型系统的动态性：add() 函数的两个参数 a 和 b 可以引用任何类型的对象。

4.5.2　Python 中的强类型

另一方面，类型系统的强度可以通过尝试添加未定义加法运算的类型（例如字符串和浮点）来证明：

```
>>> add("The answer is", 42)
Traceback (most recent call last):
  File "<stdin>", line 1, in <module>
  File "<stdin>", line 2, in add
TypeError: Can't convert 'int' object to str implicitly
```

尝试这样做会导致 TypeError，因为 Python 通常不会在对象类型之间执行隐式转换，也不会以其他方式尝试将一种类型强制转换为另一种类型。其中的一个例外：if 语句和 while 循环中的判断会转换成 bool。

4.6　变量声明和作用域

正如我们所看到的，在 Python 中我们不需要类型声明，变量本质上只是绑定到对象的无类型名称。因此，我们可以对变量进行重新绑定或者重赋值（通常根据需要），甚至可以将变量绑定到不同类型的对象。

但是当我们将一个名称绑定到某个对象时，该绑定会存储在哪里呢？为了回答这个问题，我们必须看看 Python 中的作用域和作用域规则。

LEGB 规则

Python 中有 4 种作用域（*scope*），它们排列在层次结构中。作用域是一个上下文，其中存储着名称，允许用户以对其进行查找。作用域由小到大分别如下。

- **本地**（**local**）——在当前函数内部定义的名称。

- **闭包**（**enclosing**）——在所有闭包函数内定义的名称（在本书中，此作用域无关紧要）。

- **全局**（**global**）——在模块顶层定义的名称。每个模块都带来了全新的全局作用域。

- **内置**（**built-in**）——Python 语言中通过特殊内置模块内置的名称。

这些作用域一起构成了 LEGB 规则：

- 在最近的相关上下文中查找名称；

- 重要的是要注意，Python 中的作用域通常不对应于通过缩进划定的源代码块。`for` 循环、`with` 代码块等不会引入新的嵌套作用域。

4.7 作用域实战

现在以 `words.py` 模块为例。该模块包含以下全局名称：

- `main`——由 `def main()` 绑定；

- `sys`——由 `import sys` 绑定；

- __name__ ——由 Python 运行时提供；

- urlopen ——由 urllib.request import urlopen 绑定；

- fetch_words——由 def fetch_words() 绑定；

- print_items——由 def print_items() 绑定。

模块作用域名称绑定通常由 import 语句和函数或类定义引入。我们可以在模块作用域内使用其他对象，它通常用于常量，尽管它也可以用于变量。

在 fetch_words() 函数中有 6 个本地名称：

- word——由内部的 for 循环绑定；

- line_words——由赋值绑定；

- line——由外部的 for 循环绑定；

- story_words——由赋值绑定；

- url——由函数的形参绑定；

- story——由 with 语句绑定。

这些绑定都在首次使用时产生，并在函数作用域内一直有效，直到函数结束，此时引用将被销毁。

4.7.1　全局作用域和局部作用域中的标识名称

偶尔，我们需要在一个函数内对模块作用域内的全局名称进行重新绑定。考虑以下简单模块：

```
count = 0

def show_count():
    print(count)

def set_count(c):
    count = c
```

如果将此模块保存在 scopes.py 中，那还可以将其导入到用于测试的 REPL 中：

```
$ python3
Python 3.5.0 (default, Nov 3 2015, 13:17:02)
[GCC 4.2.1 Compatible Apple LLVM 6.1.0 (clang-602.0.53)] on darwin
Type "help", "copyright", "credits" or "license" for more information.
>>> from scopes import *
>>> show_count()
0
```

当调用 show_count() 时，Python 会在本地命名空间（L）中查找名称 count。没有找到，然后 Python 接着在最外层的命名空间中查找，找到了它。Python 在全局模块命名空间（G）中找到了名称 count 并输出引用的对象。

现在通过新值来调用 set_count()：

```
>>> set_count(5)
```

然后，再次调用 show_count()：

```
>>> show_count()
0
```

你可能对此感到惊讶，在调用 set_count(5) 后，show_count() 显示为 0，让我们来查一下发生的事情。

当调用 set_count() 时，赋值语句 count = c 为本地作用域中的名称 count 创建一个新的绑定。当然，这个新绑定指向传入的对象 c。严格来说，我们不会查找模块作用域内定义的全局 count。我们已经创建了一个新的变量，它会影响从而阻止访问全局作用域中同名的变量。

4.7.2 global 关键词

为了避免在全局作用域内造成这种名称的遮蔽，我们需要通知 Python 将 set_count() 函数中的名称 count 解析为模块命名空间中定义的 count。我们可以通过 global 关键字来解决这个问题。让我们修改 set_count() 来实现该效果：

```
def set_count(c):
    global count
    count = c
```

global 关键字简单地将本地作用域中的绑定引到全局作用域中的名称上。

退出并重新启动 Python 解释器以运行修改的模块：

```
>>> from scopes import *
>>> show_count()
0
>>> set_count(5)
>>> show_count()
5
```

现在，它按照我们的要求运行了。

4.8　禅之刻

前面已经说明了，Python 中的所有变量都是对对象的引用，即使是基本类型（如整数）也是如此。这种彻底的面向对象的方法是 Python 的一个强大的主题。在 Python 中，一切皆对象，也包括函数和模块。

4.9　一切皆对象

回到 words 模块，并在 REPL 中进行下一步实验。此时，我们将导入以下模块：

```
$ python3
Python 3.5.0 (default, Nov 3 2015, 13:17:02)
[GCC 4.2.1 Compatible Apple LLVM 6.1.0 (clang-602.0.53)] on darwin
Type "help", "copyright", "credits" or "license" for more information.
```

```
>>> import words
```

import 语句将模块对象绑定到当前命名空间中的名称 word 上。我们可以使用 type() 内置函数来确定任何对象的类型：

```
>>> type(words)
<class 'module'>
```

如果想看到对象的属性，我们可以在 Python 交互式会话中使用 dir() 内置函数来内省该对象：

```
>>> dir(words)
['__builtins__', '__cached__', '__doc__', '__file__', '__initializing__',
'__loader__', '__name__', '__package__', 'fetch_words', 'main',
'print_items', 'sys', 'urlopen']
```

dir() 函数会返回模块属性名称的排序列表，包括：

- 我们定义的函数，例如 fetch_words()；

- 任何导入的名称，例如 sys 和 urlopen；

- 各种特殊的 dunder 属性，如 __name__ 和 __doc__，它们揭示了 Python 的内在功能。

函数内省

可以对这些属性使用 type() 函数来了解更多关于它们的信息。例如，可以看到 fetch_words 是一个函数对象：

```
>>> type(words.fetch_words)
<class 'function'>
```

可以使用 dir() 函数来揭示其属性：

```
>>> dir(words.fetch_words)
['__annotations__',    '__call__',    '__class__',    '__closure__',
'__code__',
    '__defaults__', '__delattr__', '__dict__', '__dir__', '__doc__',
'__eq__',
    '__format__', '__ge__', '__get__', '__getattribute__', '__globals__',
    '__gt__',    '__hash__',    '__init__',    '__kwdefaults__',    '__le__',
```

```
'__lt__',
    '__module__', '__name__', '__ne__', '__new__', '__qualname__',
    '__reduce__',
    '__reduce_ex__', '__repr__', '__setattr__', '__sizeof__', '__str__',
    '__subclasshook__']
```

可以在这里看到，函数对象具有许多特殊的属性，这些属性与 Python 在后台如何实现函数有关。现在来看几个简单的属性。

正如你所期望的，__name__ 属性是函数对象的名称，它是一个字符串：

```
>>> words.fetch_words.__name__
'fetch_words'
```

同样，__doc__ 是我们提供的 docstring，它会给我们一些提示，内置的 help() 函数就是通过它来实现的：

```
>>> words.fetch_words.__doc__
'Fetch a list of words from a URL.\n\n Args:\n url: The URL of a
UTF-8 text document.\n\n Returns:\n A list of strings containing
the words from\n the document.\n '
```

这只是一个在运行时可以检查 Python 对象的小例子，还有更多功能强大的工具可以用来了解更多关于你所使用的对象的信息。也许这个例子中最有启发性的部分是我们正在处理一个函数对象（function object），这表明 Python 中普遍的面向对象包含了其他语言中根本不可访问的语言元素。

4.10　小结

- Python 的对象引用

    - 认为 Python 的工作方式是对对象的命名引用，而不是变量和值。

    - 赋值不是把值放到盒子里，它只是给对象打了一个名称标签。

    - 将一个引用赋值给另一个就是给同一对象打了两个名称标签。

    - Python 的垃圾收集器会回收不可达的对象，这些对象没有名称标签。

- 函数的参数和返回值

  ◆ 函数参数通过对象引用传递，因此如果参数是可变对象，则函数可以修改它们。

  ◆ 如果通过赋值重新绑定形参，则传入对象的引用将会丢失。要更改可变参数，你应该替换其内容，而不是替换整个对象。

  ◆ 返回语句也通过对象引用传递，不会复值对象。

  ◆ 函数参数可以定义默认值。

  ◆ 执行 def 语句时，对默认参数表达式进行一次求值。

- Python 的类型系统

  ◆ Python 使用动态类型，所以我们无须预先定义引用的类型。

  ◆ Python 使用强类型。类型不强制匹配。

- 作用域

  ◆ Python 引用名称是根据 LEGB 规则在 4 个嵌套作用域中进行查找：本地函数、闭包函数、全局（或模块）命名空间和内置模块的命名空间。

  ◆ 可以在本地作用域内读取全局引用。

  ◆ 在本地作用域内对全局引用赋值，需要使用 global 关键词将引用声明为全局引用。

- 对象

  ◆ 在 Python 中，一切皆对象，包含模块和函数。可以像对待其他对象一样对待它们。

  ◆ import 和 def 关键字会导致绑定到命名引用上。

  ◆ 内置的 type() 函数可以用于检测对象的类型。

  ◆ 内置的 dir() 函数可以用于检查一个对象并且它会返回对象的属性名称

列表。

◆ 可以通过 __name__ 属性访问函数或者模块的名称。

◆ 可以通过 __doc__ 属性访问函数或者模块的 docstring。

其他

◆ 我们可以使用 len() 测量字符串的长度。

◆ 如果我们将字符串"乘"一个整数，我们得到一个新的字符串，其中包含该数字符串的多个副本。这被称为"重复（repetition）"操作。

你会注意到，在这里我们把名称 x 指向对象引用（object reference）。这肯定有点草率，当然，x 通常是表示名称为 x 的指向对象引用的对象。但是，这样说不太合适，有点过于拘泥于细节。一般来说，使用引用名称的上下文将足以告诉你我们是指对象还是引用。

垃圾收集是一个高级话题，我们将不会在本书中介绍。总而言之，这是 Python 释放和回收那些不再使用的资源（即对象）的系统。

由于将列表引用赋值给另一个名称不会复制列表，你可能会想知道如果你想要复制副本该怎么做。这需要其他技术，我们稍后在更详细地介绍列表时，会讲到这些技术。

但是请注意，Python 不强制执行此行为。我们完全有可能创建一个对象，该对象报告它自身没有值标识。我们将看看如何做到这一点，如果你因为某些原因想了解，那么请继续阅读本书吧。

虽然没有普遍适用的术语表，但你通常会看到术语参数（parameter）或形式参数（formal parameter），形式参数用于表示在函数定义中声明的名称。同样，术语参数（argument）通常用于表示传递到函数中的实际对象（并因此绑定到参数）。我们将在本书中根据需要使用此术语。

而以上这种行为是语法实现而非类型系统的一部分。

第 5 章
探究内置集合类型

我们已经遇到了一些内置的集合（collection）：

- `str`——不可变的 Unicode 码位字符串序列；

- `list`——可变的对象序列；

- `dict`——可变的字典，它将不可变的键映射到可变的对象。

我们只是对这些集合类型的用法浅尝辄止，所以，在本章中，我们将深入探讨它们的功能。同时，本章还将介绍 3 种新的内置集合类型：

- `tuple`——不可变的对象序列；

- `range`——对于整数的等差序列；

- `set`——包含唯一、可变对象的可变集。

本章不会再进一步讲解 `bytes` 类型。我们已经讨论了它与 `str` 的本质区别，学过的大多数关于 `str` 的知识也适用于字节。

这里不会详尽地列出所有的 Python 集合类型，但是对于绝大多数你将在外面遇到的或者可能自己编写的 Python 3 程序来说，这几个集合类型是完全够用的。

在本章中，我们将按照上面提到的顺序来介绍这些集合类型，最后将介绍协议（protocol），是协议将集合统一到一起，从而我们能够以一致和可预测的方式使用它们。

5.1　tuple——不可变的对象序列

在 Python 中，元组（tuple）是可以包含任意对象的不可变序列。一旦创建了元组，就不能替换或删除其中的对象，并且不能向它添加新的元素。

5.1.1　元组字面量

元组与列表具有相似的字面量语法，只是元组是由圆括号包裹而不是方括号。以下是一个包含字符串、浮点数和整数的元组字面量：

```
>>> t = ("Norway", 4.953, 3)
>>> t
('Norway', 4.953, 3)
```

5.1.2　访问元组中的元素

可以在方括号里使用从 0 开始的索引来访问元组中的元素：

```
>>> t[0]
'Norway'
>>> t[2]
3
```

5.1.3　元组的长度

可以使用内置的 len() 函数来确定元组中元素的个数：

```
>>> len(t)
3
```

5.1.4　迭代元组

可以使用 for 循环迭代元组：

```
>>> for item in t:
>>>     print(item)
Norway
```

```
4.953
3
```

5.1.5 连接与重复元组

可以使用加号连接元组：

```
>>> t + (338186.0, 265E9)
('Norway', 4.953, 3, 338186.0, 265000000000.0)
```

类似地，可以使用乘号重复元组中的元素：

```
>>> t * 3
('Norway', 4.953, 3, 'Norway', 4.953, 3, 'Norway', 4.953, 3)
```

内嵌的元组

由于元组可以包含任何对象，所以可以使用嵌套的元组：

```
>>> a = ((220, 284), (1184, 1210), (2620, 2924), (5020, 5564), (6232,
6368))
```

重复应用索引运算符来获取内部元素：

```
>>> a[2][1]
2924
```

5.1.6 单个元素的元组

有时需要单个元素的元组。要写单个元素的元组，那么就不能在括号中只使用一个简单的对象。这是因为 Python 会将封闭在优先级控制括号中的对象解析为数学表达式：

```
>>> h = (391)
>>> h
391
>>> type(h)
<class 'int'>
```

要创建单个元素的元组，可以使用后缀的逗号分隔符。回忆一下，当指定元组、列表和字典的字面量时，我们是这样用的。具有单个元素和一个逗号的元组将被解析为单个元素的元组：

```
>>> k = (391,)
>>> k
(391,)
>>> type(k)
<class 'tuple'>
```

5.1.7 空元组

这给我们带来了一个问题，就是如何指定空元组。实际上答案很简单，只用空括号就可以了：

```
>>> e = ()
>>> e
>>> type(e)
<class 'tuple'>
```

5.1.8 可选的括号

在许多情况下，我们可能会省略元组字面量的括号：

```
>>> p = 1, 1, 1, 4, 6, 19
>>> p
(1, 1, 1, 4, 6, 19)
>>> type(p)
<class 'tuple'>
```

5.1.9 返回与拆包元组

当函数返回多个值时，我们通常会使用返回与拆包元组功能。若想创建一个返回序列的最小值和最大值的函数，那么需要用到两个内置函数 min() 和 max()：

```
>>> def minmax(items):
...     return min(items), max(items)
...
>>> minmax([83, 33, 84, 32, 85, 31, 86])
(31, 86)
```

使用元组返回多个值通常与 Python 的一个极好的名为元组拆包（tuple unpacking）的特性结合使用。元组拆包是一种所谓的解构操作（destructuring operation），我们可以通过该操作将数据结构拆包成命名引用。例如，可以将 minmax() 函数的结果赋值给两个新引用，如下所示：

```
>>> lower, upper = minmax([83, 33, 84, 32, 85, 31, 86])
>>> lower
31
>>> upper
86
```

该功能也适用于嵌套的元组：

```
>>> (a, (b, (c, d))) = (4, (3, (2, 1)))
>>> a
4
>>> b
3
>>> c
2
>>> d
1
```

5.1.10 通过元组拆包交换变量

元组拆包引出了一个优雅的 Python 惯用句法，该句法用于交换两个（或多个）变量：

```
>>> a = 'jelly'
>>> b = 'bean'
>>> a, b = b, a
>>> a
bean
>>> b
jelly
```

5.2 元组构造函数

如果你需要使用已经存在的集合对象（如列表）创建元组，则可以使用 tuple() 构造函数。这里使用列表创建一个元组：

```
>>> tuple([561, 1105, 1729, 2465])
(561, 1105, 1729, 2465)
```

这里使用字符串创建一个包含字符的元组：

```
>>> tuple("Carmichael")
('C', 'a', 'r', 'm', 'i', 'c', 'h', 'a', 'e', 'l')
```

成员资格测试

最后，与 Python 中的大多数集合类型一样，可以使用 in 运算符来测试成员资格：

```
>>> 5 in (3, 5, 17, 257, 65537)
True
```

也可以使用 not in 运算符进行非成员资格的测试：

```
>>> 5 not in (3, 5, 17, 257, 65537)
False
```

5.3　字符串实战

第 2 章中已经介绍了 str 类型，现在来更深入地探讨 str 类型的功能。

5.3.1　字符串的长度

与其他任何 Python 序列一样，我们可以使用内置的 len() 函数来确定字符串的长度：

```
 >>> len("llanfairpwllgwyngyllgogerychwyrndrobwllllantysiliogogogoch")
 58
```

这个火车站的标志位于威尔士安格尔西岛的 **Llanfairpwllgwyngyllgogerych-wyrndrobwllllantysiliogogogoch**，这是欧洲最长的地名，如图 5.1 所示。

图 5.1　欧洲最长的地名

5.3.2　连接字符串

加号运算符用于字符串的连接：

```
>>> "New" + "found" + "land"
Newfoundland
```

还可以使用相关的增强赋值运算符：

```
>>> s = "New"
>>> s += "found"
>>> s += "land"
>>> s
'Newfoundland'
```

纽芬兰（Newfoundland）是世界第十六大岛屿，是英语中几个封闭的三合一词之一。

请记住，字符串是不可变的，所以在这里，每使用一次增强赋值运算符就会给 s 绑定一个新的字符串对象。修改 s 是可以实现的，因为 s 是对象的引用，而不是对象本身。也就是说，尽管字符串本身是不可变的，但它的引用是可变的。

5.3.3　拼接字符串

要拼接大量字符串时，请避免使用+或+=运算符。相反，应该首选 join() 方法，因为它更有效率。这是因为使用加法运算符或它的增强赋值运算符可能产生大量临时数据，从而导致内存分配和复值的成本大大增加。让我们看看如何使用 join()。

join() 是一个 str 的方法，它将一个字符串的集合作为参数，并通过在每个字符串之间插入一个分隔符来生成一个新的字符串。使用 join() 时，一个值得注意的方面是如何指定分隔符：就是调用 join() 的字符串。

与许多 Python 的语法一样，最好的解释方式就是举一个例子。例如，要将 HTML 颜色代码字符串列表拼接成由分号分隔的字符串：

```
>>> colors = ';'.join(['#45ff23', '#2321fa', '#1298a3', '#a32312'])
>>> colors
'#45ff23;#2321fa;#1298a3;#a32312'
```

在这里，我们在要使用的分隔符（分号）上调用 join()，并传入要拼接的字符串列表。

一个应用广泛且高效的用于将字符串集合连接到一起的 Python 惯用句法是将空字符串作为分隔符来调用 join() 方法：

```
>>> ''.join(['high', 'way', 'man'])
highwayman
```

5.3.4 拆分字符串

然后，可以使用 split() 方法再次拆分字符串（在前面已经见过这个方法，但是这次要向它提供可选参数）：

```
>>> colors.split(';')
['#45ff23', '#2321FA', '#1298A3', '#A32912']
```

可以通过可选参数指定用于拆分字符串的字符串（而不仅仅是字符）。例如，你可以这样解析仓促的早餐订单，使用 and 一词对其进行拆分：

```
>>> 'eggsandbaconandspam'.split('and')
['eggs', 'bacon', 'spam']
```

5.4 禅之刻

外行人通常会对 join() 的这种用法感到困惑，但是随着对它的使用，人们会认为 Python 所采用的这种方法是自然且优雅的。

5.4.1　分割字符串

另一个非常有用的字符串方法是 partition()，它将一个字符串划分为 3 个部分——分隔符前的部分、分隔符本身以及分隔符之后的部分：

```
>>> "unforgettable".partition('forget')
('un', 'forget', 'table')
```

partition()方法返回一个元组，所以它通常与元组拆包一起使用：

```
>>> departure, separator, arrival = "London:Edinburgh".partition(':')
>>> departure
London
>>> arrival
Edinburgh
```

通常，我们不会对分隔符的值感兴趣，因此你可能会看到使用下划线的变量名称。Python 语言不会以特殊的方式来处理变量名称，但是有一个不成文的约定，下划线变量用于表示未使用的或虚拟的值：

```
>>> origin, _, destination = "Seattle-Boston".partition('-')
```

许多支持 Python 语法的开发工具都支持该约定。这些工具遇到下划线时，就不会出现未使用的变量的警告。

5.4.2　字符串格式化

format()是最令人关注和最常用的字符串方法之一。它接替了（尽管不是替代）旧版 Python 中使用的字符串插值技术，我们在本书中没有介绍旧版本的内容。我们可以在任何包含所谓替换字段（replacement field）的字符串上调用 format()方法，替换字段通常由花括号包裹。作为参数传入 format()的对象将被转换为字符串，并用于填充替换字段。这里有一个例子：

```
>>> "The age of {0} is {1}".format('Jim', 32)
'The age of Jim is 32'
```

字段名称（这里是 0 和 1）与 format()的位置参数相匹配，每个参数都会被转换为后面的字符串。

字段名称可能会被多次使用：

```
>>> "The age of {0} is {1}. {0}'s birthday is on {2}".format('Fred', 24,
'October 31')
```

但是，如果字段名称只用一次，并且与参数的顺序一致，则可以省略它们：

```
>>> "Reticulating spline {} of {}.".format(4, 23)
'Reticulating spline 4 of 23.'
```

如果向 format() 传入关键字参数，则可以使用命名字段而不是序数：

```
>>> "Current position {latitude} {longitude}".format(latitude="60N",
longitude="5E")
'Current position 60N 5E'
```

可以在替换字段中使用方括号来索引序列：

```
>>> "Galactic position x={pos[0]}, y={pos[1]}, z={pos[2]}".\
format(pos=(65.2, 23.1, 82.2))
'Galactic position x=65.2, y=23.1, z=82.2'
```

甚至可以访问对象属性。在这里，我们将整个 math 模块作为关键字参数传递给
format()（记住——模块也是对象），然后在替换字段中访问其两个属性：

```
>>> import math
>>> "Math constants: pi={m.pi}, e={m.e}".format(m=math)
'Math constants: pi=3.141592653589793 e=2.718281828459045'
```

还可以使用格式化字符串来控制字段对齐和浮点格式化。这里的常量只显示 3 位
小数：

```
>>> "Math constants: pi={m.pi:.3f}, e={m.e:.3f}".format(m=math)
'Math constants: pi=3.142, e=2.718'
```

5.4.3　其他字符串方法

建议你花一些时间熟悉其他字符串方法。请记住，你可以这样找出它们的简单用法：

```
>>> help(str)
```

5.5　range——等间隔的整数集合

本节介绍区间（range），许多开发人员不会认为它是一个集合，然而在 Python 3 中，我们将会看到，它绝对是集合。

区间是用于表示整数等差序列的一种类型的序列。区间是通过调用 `range()` 构造函数创建的，它没有字面量形式。最典型的是，我们只提供结束值，因为 Python 默认起始值是 0：

```
>>> range(5)
range(0, 5)
```

区间有时用于创建连续的整数，它可以作为循环计数器：

```
>>> for i in range(5):
...     print(i)
...
0
1
2
3
4
```

请注意，提供给 `range()` 的结束值是一个超过序列结尾的值，所以上面的那个循环没有输出 5。

5.5.1　起始值

如有需要，可以提供一个起始值：

```
>>> range(5, 10)
range(5, 10)
```

将起始值传入 `list()` 构造函数，这是一种强制生成每个项目的简单方法：

```
>>> list(range(5, 10))
[5, 6, 7, 8, 9]
```

这是所谓的半开区间约定，即结束值不包括在序列中。起初，它似乎有些奇怪，但是如果你正在处理连续的区间，那么它的意义重大，因为一个区间指定的结尾是下一个区间的开始：

```
>>> list(range(10, 15))
[10, 11, 12, 13, 14]
>>> list(range(5, 10)) + list(range(10, 15))
[5, 6, 7, 8, 9, 10, 11, 12, 13, 14]
```

5.5.2　步长参数

区间也支持步长参数：

```
>>> list(range(0, 10, 2))
[0, 2, 4, 6, 8]
```

请注意，为了使用该步长（step）参数，我们必须提供所有的 3 个参数。区间对参数感兴趣，因为它通过计数参数来确定参数的含义。只提供一个参数意味着参数是结束值。两个参数是起始值（start）和结束值（stop），3 个参数是起始值、结束值和步长。Python 的 range() 以这种方式工作，第一个参数 start 是可选的，有时这在正常情况是不可能的。此外，range 构造函数不支持关键字参数。你可能会认为这是 unPythonic 的！

unPythonic 的区间构造函数饱受争议，其中参数的解释取决于是提供了一个、两个还是三个参数，如图 5.2 所示。

构造函数	参数	结果
range(5)	stop	0, 1, 2, 3, 4
range(5, 10)	start, stop	5, 6, 7, 8, 9
range(10, 20, 2)	start, stop, step	10, 12, 14, 16, 18

图 5.2　unPythonic 的区间构造函数

5.5.3 不使用区间：**enumerate()**

本节向你展示一个风格糟糕的代码示例，除了这个时候你可以使用它，其他时刻你应该尽量避免这样写。下面这种输出列表中元素的方式很不好：

```
>>> s = [0, 1, 4, 6, 13]
>>> for i in range(len(s)):
...     print(s[i])
...
0
1
4
6
13
```

虽然它可以正常运行，但这绝对是 unPythonic 的。我们总是宁愿直接迭代对象自身：

```
>>> s = [0, 1, 4, 6, 13]
>>> for v in s:
...     print(v)
0
1
4
6
13
```

如果需要一个计数器，那应该使用内置的 enumerate() 函数，它返回可迭代的一系列的值对，每个值对都是一个元组。每个值对的第一个元素是当前项目的索引，第二个元素是项目本身：

```
>>> t = [6, 372, 8862, 148800, 2096886]
>>> for p in enumerate(t):
>>>     print(p)
(0, 6)
(1, 372)
(2, 8862)
(3, 148800)
(4, 2096886)
```

更好的方式是使用元组拆包从而避免直接处理元组：

```
>>> for i, v in enumerate(t):
...     print("i = {}, v = {}".format(i, v))
```

```
...
i = 0, v = 6
i = 1, v = 372
i = 2, v = 8862
i = 3, v = 148800
i = 4, v = 2096886
```

5.6　列表实战

前面已经介绍过一点有关列表的知识,在之后的学习中我们一直在很好地运用它们。我们知道如何使用字面量语法创建列表，使用 append()方法将元素追加到列表中，并在方括号中使用从零开始的正数索引来获取并修改其内容。

零和正整数从列表的前面开始索引，所以索引 4 是列表的第 5 个元素，如图 5.3 所示。

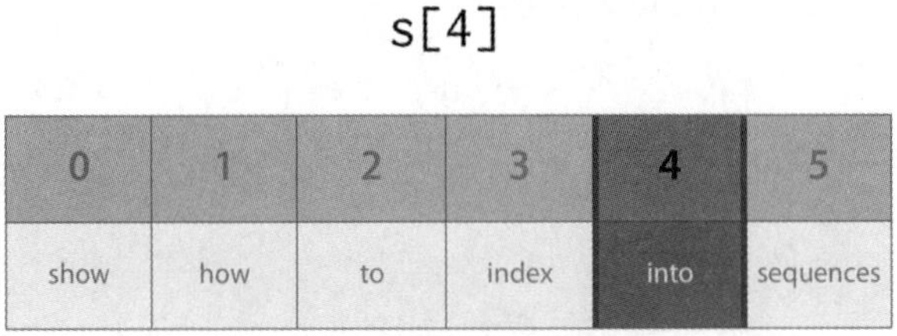

s[4]

图 5.3　零和正整数索引

接下来会更深入地讲解列表。

5.6.1　列表的负数索引（其他序列同理）

列表有一个非常方便的功能（其他 Python 序列同理，这也适用于元组），就是能够从最后而不是开头开始索引。这是通过提供负数（negative）索引来实现的。例如：

```
>>> r = [1, -4, 10, -16, 15]
>>> r[-1]
15
>>> r[-2]
-16
```

负整数从后向前、从–1 开始，因此索引–5 是倒数第 5 个元素，如图 5.4 所示。

s[-5]

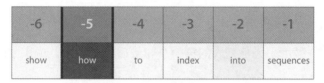

图 5.4　反向索引

当你需要获取列表的最后一个元素时，使用反向索引比正数索引更为优雅：

```
>>> r[len(r) - 1]
```

请注意，使用−0 进行索引与使用 0 进行索引，结果是相同的，都是返回列表中的第一个元素。因为 0 和负 0 之间没有区别，负数索引本质上是从一开始，而不是从零开始的。如果你正在计算具有中等复杂逻辑的索引，请记住：一个错误可以相当轻松地导致负数索引。

5.6.2　列表切片

切片是一种扩展索引的形式，可以使用它引用列表的一部分。要使用它，需要传入半开区间的起始值和结束值，这两个值以冒号分隔，并作为方括号中的索引参数，具体如下：

```
>>> s = [3, 186, 4431, 74400, 1048443]
>>> s[1:3]
[186, 4431]
```

看一下第二个索引是否超出了返回区间的结尾，切片范围为[1:4]。切片用于提取列表的部分内容。切片区间是半开的，因此最后一个索引的值不包括在内，如图 5.5 所示。

s[1:4]

图 5.5　半开的切片区间

这个功能可以与负数索引相结合。例如，除了第一个和最后一个的所有元素：

```
>>> s[1:-1]
[186, 4431, 74400]
```

切片 s[1:-1]可用于排除列表的第一个和最后一个元素，如图 5.6 所示。

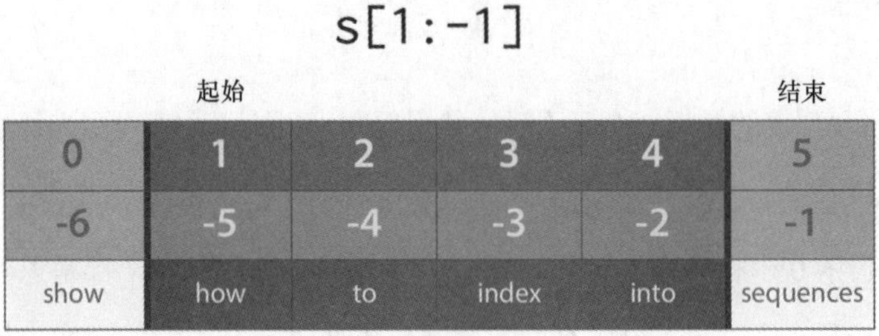

s[1:-1]

图 5.6　排除元素

起始索引和结束索引都是可选的。如果需要切片列表的第 4 个之后（包括第 4 个）的所有元素：

```
>>> s[3:]
[74400, 1048443]
```

切片 s[3:]保留第 4 个之后的所有元素，如图 5.7 所示。

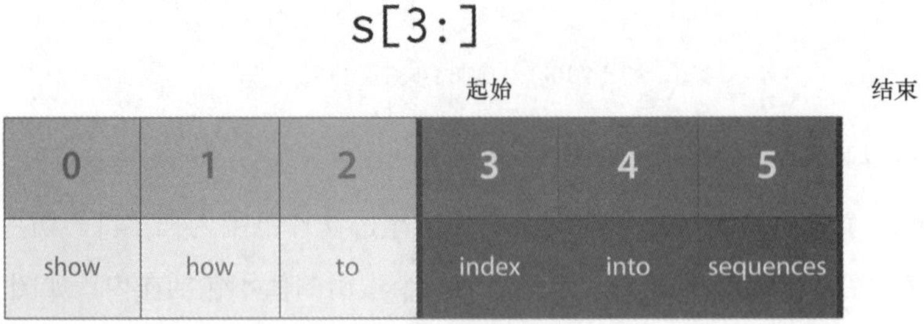

s[3:]

图 5.7　切片到最后的元素

将所有元素从头开始切片，不包括第 4 个元素：

```
>>> s[:3]
[3, 186, 4431]
```

切片 s[:3]保留从列表开头直到但不包括第 4 个元素的所有元素，如图 5.8 所示。

图 5.8　从头开始切片

请注意，这两个列表是互补的，并且一起组成整个列表，如图 5.9 所示，这展示了半开区间约定的便利性。

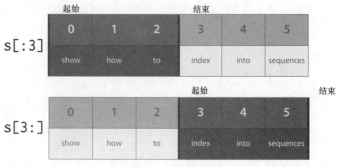

图 5.9　互补的切片

由于起始切片和结束切片的索引都是可选的，所以完全可以省略它们，从而检索所有元素：

```
>>> s[:]
[3, 186, 4431, 74400, 1048443]
```

这就是全切片（full slice），它是 Python 中的一项重要技术。

切片 s[:] 是全切片，它包含列表中的所有元素，如图 5.10 所示。它是复制列表的重要惯用句法。

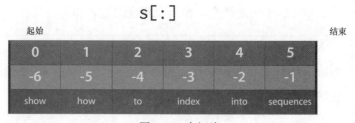

图 5.10　全切片

5.6.3 复制列表

事实上，全切片是复制列表的重要惯用句法。回想一下，赋值引用永远不会复制对象，而只是复制对对象的引用：

```
>>> t = s
>>> t is s
True
```

使用全切片来复制以生成一个新的列表：

```
>>> r = s[:]
```

接着确认使用全切片获得的列表具有不同的标识：

```
>>> r is s
False
```

它具有相等的值：

```
>>> r == s
True
```

重要的是要明白，尽管有一个可以独立修改的新的列表对象，但它内部的元素与最初的列表引用了相同的对象，最初的列表也是指向这些对象。如果这些对象都是可变的并且被修改（而不是被替换），那么这两个列表都会体现出这些变化。

我们讲解这个列表全切片的复制惯用句法，是因为你很可能会在开发中遇到这种用法，而这个用法并不是通俗易懂的。应该注意，还可通过其他更可读的方式来复制列表，例如 copy() 方法：

```
>>> u = s.copy()
>>> u is s
False
```

或者，简单地调用 list 构造函数，传入要复值的列表即可：

```
>>> v = list(s)
```

这些技术之间的选择与个人习惯有关。我们偏向第三种形式，使用 list 构造函数，因为它可以传入任何可迭代的序列，而不仅仅是列表。

5.6.4 浅复制

但是，你必须意识到，所有的这些技术都会执行浅复制（shallow copy）。也就是说，它们创建一个新的列表，其中包含与源列表相同的对象的引用，但是它们不复制所引用的对象。为了说明这一点，我们将使用嵌套列表，将内部列表作为可变对象。下面是一个包含两个元素的列表，每个元素本身就是一个列表：

```
>>> a = [ [1, 2], [3, 4] ]
```

接下来使用全切片来复值这个列表：

```
>>> b = a[:]
```

并且的确有不同的列表：

```
>>> a is b
False
```

它们拥有相等的值：

```
>>> a == b
True
```

但是请注意，这些不同列表中的引用指向了等值的对象：

```
>>> a[0]
[1, 2]
>>> b[0]
[1, 2]
```

实际上，它们指向同一个对象：

```
>>> a[0] is b[0]
True
```

这些技术的复制是浅复制。当复制列表时，我们是复制其所含对象（菱形）的引用，而不是复值指向的对象（矩形），如图 5.11 所示。

这种情况一直存在，直到我们将 a 的第一个元素重新绑定到新构建的列表中：

```
>>> a[0] = [8, 9]
```

现在，a 的第一个元素和 b 的第一个元素指向不同的列表：

```
>>> a[0]
[8, 9]
```

```
>>> b[0]
[1, 2]
```

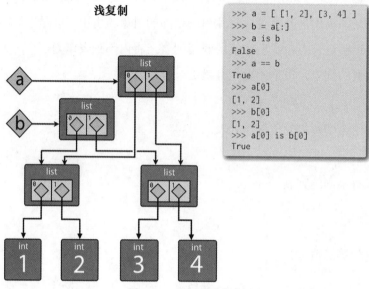

浅复制

```
>>> a = [ [1, 2], [3, 4] ]
>>> b = a[:]
>>> a is b
False
>>> a == b
True
>>> a[0]
[1, 2]
>>> b[0]
[1, 2]
>>> a[0] is b[0]
True
```

图 5.11　复制是浅复制

列表 a 的第一个元素和 b 的第一个元素现在都是各自独有的，而第二个元素是共享的，如图 5.12 所示。

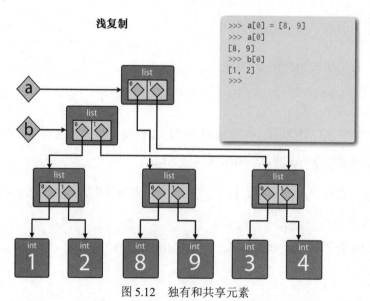

浅复制

```
>>> a[0] = [8, 9]
>>> a[0]
[8, 9]
>>> b[0]
[1, 2]
>>>
```

图 5.12　独有和共享元素

a 的第二个元素和 b 的第二个元素仍然指向相同的对象。我们将通过修改列表中的对象来说明这一点：

```
>>> a[1].append(5)
>>> a[1]
[3, 4, 5]
```

通过 b 列表，我们也能看到这个变化：

```
>>> b[1]
[3, 4, 5]
```

修改两个列表共同指向的对象，如图 5.13 所示。

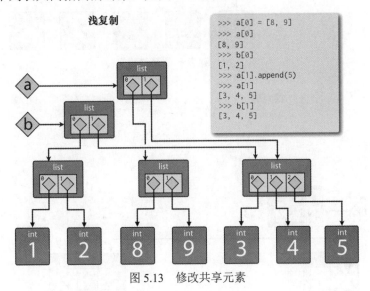

图 5.13 修改共享元素

a 和 b 列表的最终状态如下所示：

```
>>> a
[[8, 9], [3, 4, 5]]
>>> b
[[1, 2], [3, 4, 5]]
```

列表 a 的最终状态如图 5.14 所示。

列表 b 的最终状态如图 5.15 所示。

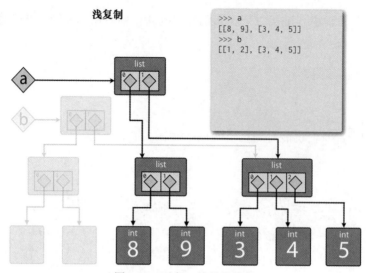

图 5.14　列表 a 的最终状态

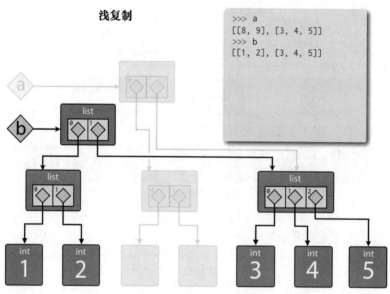

图 5.15　列表 b 的最终状态

在我们的经验中，你需要对这样的分层数据结构进行深复制的情况很少。建议查看 Python 标准库中的 copy 模块。

5.6.5 重复列表

字符串、元组和列表都支持使用乘法运算符进行重复（repetition）。乘法运算符使用起来很简单：

```
>>> c = [21, 37]
>>> d = c * 4
>>> d
[21, 37, 21, 37, 21, 37, 21, 37]
```

然而，在开发中我们很少遇到这种用法。最常用的是将大小已知的列表初始化为常量值，例如零：

```
>>> [0] * 9
[0, 0, 0, 0, 0, 0, 0, 0, 0]
```

请注意，在存在可变元素的情况下，仍然会存在相同的陷阱，因为只是重复对每个元素的引用，而不复制该值。我们再次使用作为可变元素的内嵌列表来说明：

```
>>> s = [ [-1, +1] ] * 5
>>> s
[[-1, 1], [-1, 1], [-1, 1], [-1, 1], [-1, 1]]
```

该种重复也是浅重复，如图 5.16 所示。

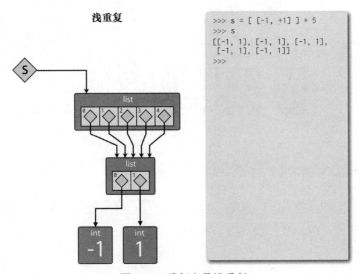

图 5.16　重复也是浅重复

如果在列表外面修改第三个元素：

```
>>> s[2].append(7)
```

可以看到，构成外部列表元素的所有 5 个引用都变了：

```
>>> s
[[-1, 1, 7], [-1, 1, 7], [-1, 1, 7], [-1, 1, 7], [-1, 1, 7]]
```

接下来修改列表的重复内容。对象的任何更改都反映在外部列表的每个索引中，如图 5.17 所示。

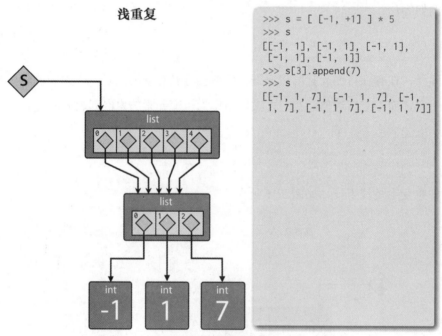

图 5.17 重复是可变的

5.6.6 使用 index() 查找列表元素

要查找列表中的元素，可以使用 index() 方法，只要传入你要查找的对象即可。它会对元素进行等价比较，直到找到要查找的元素为止：

```
>>> w = "the quick brown fox jumps over the lazy dog".split()
>>> w
['the', 'quick', 'brown', 'fox', 'jumps', 'over', 'the', 'lazy', 'dog']
```

```
>>> i = w.index('fox')
>>> i
3
>>> w[i]
'fox'
```

如果查找的值不存在，那么会收到一个 ValueError 错误：

```
>>> w.index('unicorn')
Traceback (most recent call last):
  File "<stdin>", line 1, in <module>
ValueError: 'unicorn' is not in list
```

我们将在第 6 章学习如何优雅地处理这种错误。

5.6.7　使用 count() 和 in 进行成员资格测试

另外一个常用的方法是使用 count() 查找匹配元素的个数：

```
>>> w.count("the")
2
```

如果只是想测试成员资格，那么可以使用 in 运算符：

```
>>> 37 in [1, 78, 9, 37, 34, 53]
True
```

使用 not in 可以进行非成员资格测试：

```
>>> 78 not in [1, 78, 9, 37, 34, 53]
False
```

5.6.8　使用 del 按照索引删除列表元素

我们可以使用尚未熟悉的关键字：del 来删除元素。del 关键字接收一个参数，这个参数是对列表元素的引用，通过该引用我们可以将元素从列表中删除。在此过程中，列表会缩短：

```
>>> u = "jackdaws love my big sphinx of quartz".split()
>>> u
['jackdaws', 'love', 'my', 'big', 'sphinx', 'of', 'quartz']
>>> del u[3]
>>> u
```

```
['jackdaws', 'love', 'my', 'sphinx', 'of', 'quartz']
```

5.6.9 使用 `remove()` 按照值删除列表元素

也可以使用 `remove()` 方法通过值而不是位置来删除元素：

```
>>> u.remove('jackdaws')
>>> u
['love', 'my', 'sphinx', 'of', 'quartz']
```

它与下面这个冗长的方法等效：

```
>>> del u[u.index('jackdaws')]
```

尝试用 `remove()` 删除不存在的项目也会导致引发 `ValueError` 错误：

```
>>> u.remove('pyramid')
Traceback (most recent call last):
  File "<stdin>", line 1, in <module>
ValueError: list.remove(x): x not in list
```

5.6.10 向列表中插入元素

可以使用 `insert()` 方法将项目插入列表中，该方法接收新项目的索引和新项目自身：

```
>>> a = 'I accidentally the whole universe'.split()
>>> a
['I', 'accidentally', 'the', 'whole', 'universe']
>>> a.insert(2, "destroyed")
>>> a
['I', 'accidentally', 'destroyed', 'the', 'whole', 'universe']
>>> ' '.join(a)
'I accidentally destroyed the whole universe'
```

5.6.11 连接列表

使用加法运算符连接列表会生成新的列表，而不会修改任一操作数：

```
>>> m = [2, 1, 3]
>>> n = [4, 7, 11]
```

```
>>> k = m + n
>>> k
[2, 1, 3, 4, 7, 11]
```

而增强赋值运算符+=会原地修改最初的变量：

```
>>> k += [18, 29, 47]
>>> k
[2, 1, 3, 4, 7, 11, 18, 29, 47]
```

使用 extend() 方法也会有相同的效果：

```
>>> k.extend([76, 129, 199])
>>> k
[2, 1, 3, 4, 7, 11, 18, 29, 47, 76, 123, 199]
```

增强赋值和 extend() 方法可以与可迭代序列一起使用。

5.6.12　重排列表元素

本节讲解重排元素的两个操作：反转和排序。

通过简单地调用 reverse() 方法可以原地反转列表：

```
>>> g = [1, 11, 21, 1211, 112111]
>>> g.reverse()
>>> g
[112111, 1211, 21, 11, 1]
```

通过调用 sort() 方法可以原地对列表进行排序：

```
>>> d = [5, 17, 41, 29, 71, 149, 3299, 7, 13, 67]
>>> d.sort()
>>> d
[5, 7, 13, 17, 29, 41, 67, 71, 149, 3299]
```

sort() 方法接收两个可选参数，即 key 和 reverse。当 reverse 被设置为 True 时，可以进行降序排列：

```
>>> d.sort(reverse=True)
>>> d
[3299, 149, 71, 67, 41, 29, 17, 13, 7, 5]
```

key 参数更有趣。它接收任何可调用（callable）对象，然后用于从每个项目提取一个关键字（key）。然后，这些项目将根据关键字的相对顺序进行排序。

Python 中有几种类型的可调用对象，目前我们遇到的唯一一个可调用对象是一个简单的函数 len()。len() 函数是一个可调用对象，用于确定集合（如字符串的长度）。

考虑以下单词列表：

```
>>> h = 'not perplexing do handwriting family where I illegibly know
doctors'.split()
>>> h
['not', 'perplexing', 'do', 'handwriting', 'family', 'where', 'I',
'illegibly', 'know', 'doctors']
>>> h.sort(key=len)
>>> h
['I', 'do', 'not', 'know', 'where', 'family', 'doctors', 'illegibly',
'perplexing', 'handwriting']
>>> ' '.join(h)
'I do not know where family doctors illegibly perplexing handwriting'
```

5.6.13　异地重排

有时原地排序或反转可能不是我们想要的。例如，它可能会导致函数的参数被修改，从而产生令人意想不到的结果。对于 reverse() 和 sort() 列表方法的异地等效方法，你可以使用 reversed() 和 sorted() 内置函数，它们分别返回反向迭代器和新的排序列表。例如：

```
>>> x = [4, 9, 2, 1]
>>> y = sorted(x)
>>> y
[1, 2, 4, 9]
>>> x
[4, 9, 2, 1]
```

也可以使用 reversed() 函数：

```
>>> p = [9, 3, 1, 0]
>>> q = reversed(p)
>>> q
<list_reverseiterator object at 0x1007bf290>
>>> list(q)
[0, 1, 3, 9]
```

注意，我们使用列表构造函数来对 `reversed()` 的结果求值。这是因为 `reversed()` 返回一个迭代器，我们将在后面详细介绍该主题。

这些函数的优点就是它们可以在任何有限的迭代源对象上工作。

5.7 字典

现在回到字典，字典在许多 Python 程序（包括 Python 解释器本身）中占据核心位置。之前，我们已经简要地介绍过字典字面量，知道它们是如何用花括号分隔的，并包含逗号分隔的键值对，每个键值对使用冒号绑定：

```
>>> urls = {'Google': 'Google 的网址',
...         'Twitter': 'Twitter 的网址',
...         'Sixty North': 'Sixty North 的网址',
...         'Microsoft': 'Microsoft 的网址' }
>>>
```

这是一个包含 URL 的字典。字典的键不保证顺序，如图 5.18 所示。

字典

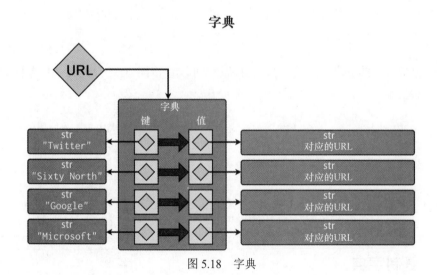

图 5.18　字典

通过键访问其中的值：

```
>>> urls['Twitter']
```

Twitter 的网址

由于每个键都与一个值相关联，并且通过键可对值进行查找，所以在任何单个字典中，键必须是唯一的。但是，字典中的值是可以重复的。

在字典内部，字典维护键对象和值对象的引用对。键对象必须是不可变的，所以字符串、数字和元组都是可以作为键对象，但列表不行。值对象可以是可变的，实际上我们通常用的是可变对象。我们的示例 URL 映射的键和值都是字符串，这样很好。

不应该依赖字典中的对象顺序——它本质上是随机的，甚至同一程序多次运行的结果可能都会不同。

与其他集合一样，字典也有一个命名构造函数 dict()，该函数可以将其他类型转换为字典。我们可以使用构造函数将存储在元组中的一系列键值对复制生成一个字典，如下所示：

```
>>> names_and_ages = [ ('Alice', 32), ('Bob', 48), ('Charlie', 28),
('Daniel', 33) ]
>>> d = dict(names_and_ages)
>>> d
{'Charlie': 28, 'Bob': 48, 'Alice': 32, 'Daniel': 33}
```

回想一下，字典中的项目不以任何特定顺序存储，因此它也不会保留列表中的键值对的顺序。

只要键是合法的 Python 标识符，我们甚至可以直接向 dict() 传入关键字参数，从而创建一个字典：

```
>>> phonetic = dict(a='alfa', b='bravo', c='charlie', d='delta',
e='echo',f='foxtrot')
>>> phonetic
{'a': 'alfa', 'c': 'charlie', 'b': 'bravo', 'e': 'echo', 'd': 'delta',
'f':'foxtrot'}
```

同样，字典不会保留关键字参数的顺序。

5.7.1 复制字典

与列表一样，字典默认情况下也是浅复制，仅复制对键对象和值对象的引用，而不复制对象本身。复制字典有两种方法，我们常看到的是第二种。第一种方法是使用 copy() 方法：

```
>>> d = dict(goldenrod=0xDAA520, indigo=0x4B0082, seashell=0xFFF5EE)
>>> e = d.copy()
>>> e
{'indigo': 4915330, 'goldenrod': 14329120, 'seashell': 16774638}
```

第二种方法是简单地将已存在的字典传入到 dict() 构造函数中：

```
>>> f = dict(e)
>>> f
{'indigo': 4915330, 'seashell': 16774638, 'goldenrod': 14329120}
```

5.7.2 更新字典

如果需要使用另一个字典的定义来扩展一个字典，则可以使用 update() 方法。在要更新的字典上调用该方法，并且向其传入要合并的字典的内容：

```
>>> g = dict(wheat=0xF5DEB3, khaki=0xF0E68C, crimson=0xDC143C)
>>> f.update(g)
>>> f
>>> {'crimson': 14423100, 'indigo': 4915330, 'goldenrod': 14329120,
'wheat': 16113331, 'khaki': 15787660, 'seashell': 16774638}
```

如果 update() 的参数包含已经存在于目标字典中的键，则目标字典中与这些键相关联的值将被替换为参数中的相应值：

```
>>> stocks = {'GOOG': 891, 'AAPL': 416, 'IBM': 194}
>>> stocks.update({'GOOG': 894, 'YHOO': 25})
>>> stocks
{'YHOO': 25, 'AAPL': 416, 'IBM': 194, 'GOOG': 894}
```

5.7.3 迭代字典的键

正如我们在第 4 章中所看到的，字典是可迭代的，因此它可以与 for 循环一起使用。字典只会在每次迭代中生成关键字，我们可以通过使用方括号运算符来查找、检索相应的值：

```
>>> colors = dict(aquamarine='#7FFFD4', burlywood='#DEB887',
...               chartreuse='#7FFF00', cornflower='#6495ED',
...               firebrick='#B22222', honeydew='#F0FFF0',
...               maroon='#B03060', sienna='#A0522D')
>>> for key in colors:
```

```
...        print("{key} => {value}".format(key=key, value=colors[key]))
...
firebrick => #B22222
maroon => #B03060
aquamarine => #7FFFD4
burlywood => #DEB887
honeydew => #F0FFF0
sienna => #A0522D
chartreuse => #7FFF00
cornflower => #6495ED
```

请注意，键是按任意顺序返回的，既不是指定的顺序也不是任何其他有意义的排序顺序。

5.7.4　迭代字典的值

如果只想迭代字典的值，则可以使用 values() 字典方法。它将返回一个对象，该对象提供了字典中值的可迭代的视图，并且不会复制字典中的值：

```
>>> for value in colors.values():
...        print(value)
...
#B22222
#B03060
#7FFFD4
#DEB887
#F0FFF0
#A0522D
#DEB887
#6495ED
```

没有一种有效且方便的方法可以根据值检索相应的键，所以我们只能输出这些值。

还有一个 keys() 方法可以迭代字典的值，由于迭代字典对象会直接生成对应的键，所以，该方法不太常用：

```
>>> for key in colors.keys():
...        print(key)
...
firebrick
maroon
```

```
aquamarine
burlywood
honeydew
sienna
chartreuse
cornflower
```

5.7.5 迭代键值对

通常，我们希望一起迭代键和值。字典中的每个键值对都被称为一个项目（item），我们可以使用 items() 字典方法获取项目的可迭代视图。当迭代 items() 时，视图将产出键值对，这些键值对都是元组类型。

通过在 for 语句中使用元组拆包，我们可以在一个操作中获取键和值，而无须进行额外的查找：

```
>>> for key, value in colors.items():
...     print("{key} => {value}".format(key=key, value=value))
...
firebrick => #B22222
maroon => #B03060
aquamarine => #7FFFD4
burlywood => #DEB887
honeydew => #F0FFF0
sienna => #A0522D
chartreuse => #DEB887
cornflower => #6495ED
```

5.7.6 字典键的成员资格测试

对于字典的成员资格测试，我们可以对键使用 in 和 not in 运算符：

```
>>> symbols = dict(
... usd='\u0024', gbp='\u00a3', nzd='\u0024', krw='\u20a9',
... eur='\u20ac', jpy='\u00a5', nok='kr', hhg='Pu', ils='\u20aa')
>>> symbols
{'jpy': '¥', 'krw': '₩', 'eur': '€', 'ils': '₪', 'nzd': '$', 'nok': 'kr',
'gbp': '£', 'usd': '$', 'hhg': 'Pu'}
>>> 'nzd' in symbols
True
```

```
>>> 'mkd' not in symbols
True
```

5.7.7 删除字典的项目

和列表一样，我们可以使用 del 关键字从字典中删除一个项目：

```
>>> z = {'H': 1, 'Tc': 43, 'Xe': 54, 'Un': 137, 'Rf': 104, 'Fm': 100}
>>> del z['Un']
>>> z
{'H': 1, 'Fm': 100, 'Rf': 104, 'Xe': 54, 'Tc': 43}
```

5.7.8 字典的可变性

字典中的键应该是不可变的，但是我们可以修改它的值。以下为一个字典，该字典将元素符号映射到该元素的同位素列表上：

```
>>> m = {'H': [1, 2, 3],
...      'He': [3, 4],
...      'Li': [6, 7],
...      'Be': [7, 9, 10],
...      'B': [10, 11],
...      'C': [11, 12, 13, 14]}
```

看看我们是如何分割多行的字典字面量的，我们可以像上面那样写，因为字典字面量的花括号是开放的。

字符串键是不可变的，这有利于字典正确运行。但是在发现一些新的同位素的情况下，我们是可以修改字典值的：

```
>>> m['H'] += [4, 5, 6, 7]
>>> m
{'H': [1, 2, 3, 4, 5, 6, 7], 'Li': [6, 7], 'C': [11, 12, 13, 14],
'B': [10, 11], 'He': [3, 4], 'Be': [7, 9, 10]}
```

这里，我们对 list 对象使用增强赋值运算符以访问'H'（表示氢）键，这个字典没有被修改。

当然，字典本身是可变的。我们可以向字典添加项目：

```
>>> m['N'] = [13, 14, 15]
```

5.7.9 美化输出

对于复合数据结构（如同位素表），我们可以以更加可读的形式输出它们。可以使用 Python 标准库中用于美化输出的模块 pprint 来完成此操作，该模块包含一个名为 pprint 的函数：

```
>>> from pprint import pprint as pp
```

请注意，如果没有将 pprint 函数绑定到不同名称的 pp 上，函数引用就将覆盖模块引用，这会导致我们无法进一步访问模块的内容：

```
>>> pp(m)
{
    'B': [10, 11],
    'Be': [7, 9, 10],
    'C': [11, 12, 13, 14],
    'H': [1, 2, 3, 4, 5, 6, 7],
    'He': [3, 4],
    'Li': [6, 7],
    'N': [13, 14, 15]
}
```

以上展示让我们更加容易理解 pprint 函数。

现在结束了对字典的学习，接下来看一个新的内置数据结构——集（set）。

5.8 集——包含唯一元素的无序集合

集（set）数据类型是一种无序的集合，且其中的元素是唯一的。这种集合是可变的，因此可以向集中添加和删除元素，但每个元素本身必须是不可变的，非常像字典的键。

集是不同元素的无序组，如图 5.19 所示。

集具有与字典非常相似的字面量形式，它也是由花括号包裹，但每个项目都是单个对象，而不是由冒号组合的键值对：

```
>>> p = {6, 28, 496, 8128, 33550336}
```

请注意，集与字典类似，也是无序的：

```
>>> p
{33550336, 8128, 28, 496, 6}
```

当然，集的类型就是集：

```
>>> type(p)
<class 'set'>
```

图 5.19　集

5.8.1　set 构造函数

回想一下有点令人困惑的空花括号，它实际上是创建一个空字典，而不是一个空集：

```
>>> d = {}
>>> type(d)
<class 'dict'>
```

为了创建空集，我们必须使用 set() 构造函数：

```
>>> e = set()
>>> e
set()
```

这也是 Python 回应给我们的创建空集的形式。

set() 构造函数可以使用任何可迭代的序列创建一个集，例如列表：

```
>>> s = set([2, 4, 16, 64, 4096, 65536, 262144])
>>> s
{64, 4096, 2, 4, 65536, 16, 262144}
```

集会删除输入序列中重复的值。事实上，集的一个常见用法就是从一系列对象中有效地删除重复项：

```
>>> t = [1, 4, 2, 1, 7, 9, 9]
>>> set(t)
{1, 2, 4, 9, 7}
```

5.8.2 迭代集

当然，集是可迭代的，尽管其顺序是任意的：

```
>>> for x in {1, 2, 4, 8, 16, 32}:
>>>     print(x)
32
1
2
4
8
16
```

5.8.3 集的成员资格测试

成员资格测试是集的基本操作。与其他集合类型一样，我们可以使用 in 和 not in 运算符：

```
>>> q = { 2, 9, 6, 4 }
>>> 3 in q
False
>>> 3 not in q
True
```

5.8.4 向集中添加元素

使用 add() 方法向集中添加一个元素：

```
>>> k = {81, 108}
```

```
>>> k
{81, 108}
>>> k.add(54)
>>> k
{81, 108, 54}
>>> k.add(12)
>>> k
{81, 108, 54, 12}
```

向集中添加一个已经存在的元素，不会有任何效果：

```
>>> k.add(108)
```

然而，该操作不会产生错误。我们可以使用 update() 方法从任何可迭代的序列（也包括另一个集）中向集添加多个元素：

```
>>> k.update([37, 128, 97])
>>> k
{128, 81, 37, 54, 97, 12, 108}
```

5.8.5　从集中删除元素

从集中删除元素的方法有两种。第一种为 remove() 方法，该方法要求要删除的元素存在于集中，否则会抛出 KeyError：

```
>>> k.remove(97)
>>> k
{128, 81, 37, 54, 12, 108}
>>> k.remove(98)
Traceback (most recent call last):
  File "<stdin>", line 1, in <module>
KeyError: 98
```

第二种方法为 discard()，该方法不会过于挑剔，如果元素不是集的成员，也不会有任何的副作用（如抛出错误）：

```
>>> k.discard(98)
>>> k
{128, 81, 37, 54, 12, 108}
```

5.8.6 复制集

与其他内置集合类型一样，集也有一个 copy() 方法，它执行集的浅复制（复制引用而不是复制对象）：

```
>>> j = k.copy()
>>> j
{128, 81, 37, 54, 108, 12}
```

正如我们已经展示过的那样，可以使用 set() 构造函数：

```
>>> m = set(j)
>>> m
{128, 81, 37, 54, 108, 12}
```

5.8.7 集的代数运算

集非常有用的一个方面是它提供了一组强大的集的代数运算。我们可以使用集运算来轻松地计算集的并集、补集和交集，如图 5.20 所示。也可使用集运算判断两个集是否具有子集、超集或不相交等关系。

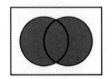
s.union(t)

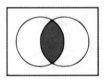
s.intersection(t)

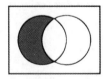
s.difference(t)

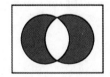
s.symmetric_difference(t)

图 5.20 代数运算

为了展示这些方法，我们将根据各种表型构建一些人名的集：

```
>>> blue_eyes = {'Olivia', 'Harry', 'Lily', 'Jack', 'Amelia'}
>>> blond_hair = {'Harry', 'Jack', 'Amelia', 'Mia', 'Joshua'}
>>> smell_hcn = {'Harry', 'Amelia'}
```

```
>>> taste_ptc = {'Harry', 'Lily', 'Amelia', 'Lola'}
>>> o_blood = {'Mia', 'Joshua', 'Lily', 'Olivia'}
>>> b_blood = {'Amelia', 'Jack'}
>>> a_blood = {'Harry'}
>>> ab_blood = {'Joshua', 'Lola'}
```

5.8.8　并集

要找到所有有金发、蓝眼睛或两者都有的人，可以使用 union() 方法：

```
>>> blue_eyes.union(blond_hair)
{'Olivia', 'Jack', 'Joshua', 'Harry', 'Mia', 'Amelia', 'Lily'}
```

集的并集会收集两个集中的所有元素。

我们可以证明 union() 是一个可交换的操作（即我们可以交换操作数的顺序），可以使用值等于运算符来检查结果集的等价性：

```
>>> blue_eyes.union(blond_hair) == blond_hair.union(blue_eyes)
True
```

交集

为了找出所有金发且蓝眼睛的人，可以使用 intersection() 方法：

```
>>> blue_eyes.intersection(blond_hair)
{'Amelia', 'Jack', 'Harry'}
```

该方法只收集两个集中都存在的元素。这个操作也是可交换的：

```
>>> blue_eyes.intersection(blond_hair) == blond_hair.intersection(blue_eyes)
True
```

5.8.9　补集

为了确认那些有金发而没有蓝眼睛的人，可以使用 difference() 方法：

```
>>> blond_hair.difference(blue_eyes)
{'Joshua', 'Mia'}
```

这会找出所有存在于第一个集而不存在于第二个集中的元素。

该方法是不可交换的，因为有金发而没蓝眼睛的人与有蓝眼睛而没金发的人是不一样的。

```
>>> blond_hair.difference(blue_eyes) == blue_eyes.difference(blond_hair)
False
```

1. 对称差

然而，如果想确认只有金发或者只有蓝眼睛的人，我们可以使用 symmetric_difference()方法：

```
>>> blond_hair.symmetric_difference(blue_eyes)
{'Olivia', 'Joshua', 'Mia', 'Lily'}
```

该方法会收集只在第一个集或者只在在第二个集中的所有元素。

symmetric_difference()方法是可交换的：

```
>>> blond_hair.symmetric_difference(blue_eyes) ==
blue_eyes.symmetric_difference(blond_hair)
True
```

2. 子集关系

此外，集还提供了 3 种断言方法，这 3 种方法可以告诉我们集之间的关系，如图 5.21 所示。我们可以使用 issubset()方法来检查一个集是否是另一个集的子集。例如，要检查是否所有可以闻到氰化氢的人都有金发：

```
>>> smell_hcn.issubset(blond_hair)
True
```

这会检查第一个集中的所有元素是否存在于第二个集中。

要测试是否所有可以使用苯硫代氨基甲酸（PTC）的人都能闻到氰化氢，我们可以使用 issuperset()方法：

```
>>> taste_ptc.issuperset(smell_hcn)
True
```

这会检查第二个集中的所有元素是否存在于第一个集中。

PTC 如图 5.22 所示。它有不寻常的属性，它品尝起来可能非常苦或者几乎没有味道，这取决于品尝者的基因。

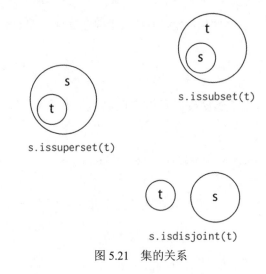

图 5.21　集的关系

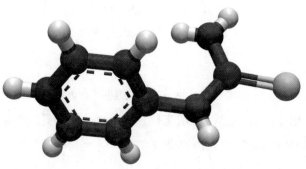

图 5.22　PTC

为了测试两个集没有公共元素，我们可以使用 `isdisjoint()` 方法。例如，你的血型是 A 或者 O，也可能都不是：

```
>>> a_blood.isdisjoint(o_blood)
True
```

5.9　集合协议

在 Python 中，协议是一组操作或方法，如果一个类型要实现该协议，就必须支持这组操作或者方法。我们无须像使用名义类型的语言（如 C＃或 Java）那样，在源代码中将协议定义为独立的接口或基类，只要简单地让一个对象提供这些操作的功能实现就足够了。

对于在 Python 中遇到的不同集合，我们可以根据它们支持的协议来组织它们：

协　　议	实现的集合
容器	字符串、列表、字典、区间、元组、集合、字节
大小	字符串、列表、字典、区间、元组、集合、字节
可迭代	字符串、列表、字典、区间、元组、集合、字节
序列	字符串、列表、元组、区间、字节
可变序列	列表
可变集合	集合
可变映射	字典

对协议的支持需要类型的特定行为。

5.9.1　容器协议

容器（container）协议要求对象支持使用 in 和 not in 运算符进行成员资格测试：

```
item in container
item not in container
```

5.9.2　大小协议

大小（sized）协议要求对象可以通过调用 len(sized_collection)函数来确定集合中元素的个数。

5.9.3　可迭代协议

迭代是一个重要的概念，在本书的后面我们会用整整一章来详细介绍它。简而言之，可迭代（iterable）提供了一种在请求时逐个生成元素的方法。

5.9.4　序列协议

序列协议要求对象通过使用由方括号包裹的整数来检索项目。

```
item = sequence[index]
```

可以使用 index()来搜索项目：

```
i = sequence.index(item)
```

可以使用 count()来对项目进行计数：

```
num = sequence.count(item)
```

可以使用 reversed()对序列进行反转复制：

```
r = reversed(sequence)
```

另外，序列协议要求对象支持可迭代、大小以及容器协议。

5.9.5　其他协议

我们不会在这里讲解可变序列、可变映射和可变集合。本节只涵盖了每个协议的一种代表性类型，此时此刻，我们不会过于关注协议概念的一般性。

5.10　小结

- 元组是不可变的序列类型。

  ◆ 字面量语法使用可选的圆括号包裹以逗号分隔的列表。

  ◆ 有一个值得注意的语法就是对于单元素的元组需要使用后缀的逗号。

  ◆ 元组解包一般用于多个返回值和交换变量。

- 字符串。

  ◆ 使用 join()方法连接字符串比使用加法运算符和增强赋值运算符更加高效。

  ◆ partition()方法是一个有用且优雅的字符串分析工具。

  ◆ format()方法提供了一个强大的功能，它可以使用字符串值替换占位符。

- 区间。

  ◆ 区间对象代表等差序列。

◆ 当进行循环计数时，内建的 enumerate() 方法通常优于 range()。

● 列表。

◆ 列表支持使用负数索引进行从尾部开始的索引。

◆ 切片语法用于复制整个或者部分列表。

◆ 全切片是一个用于复制列表的常用惯用句法，尽管 copy() 方法和 list() 构造函数更加通俗易懂。

◆ 在 Python 中，列表（以及其他集合类型）默认是浅复制。浅复制只是复值引用，而不会复制引用的对象。

● 映射键到值的字典。

◆ 字典中的迭代和成员资格测试主要针对的是字典中的键。

◆ keys()、values() 和 items() 方法提供了字典不同方面的视图，使用这些视图可以方便地进行迭代。

● 集保存了一些无序且唯一的元素。

◆ 集支持代数运算和判断。

◆ 我们可以根据集合所支持的协议如可迭代、序列、映射，将内建的集合类型组织起来。

我们还发现：

● 下划线通常用于虚拟或者冗余的变量；

● pprint 模块支持复合数据结构的美化输出。

回到 Python 2，range() 是一个返回列表的函数。Python 3 版本的 rarge() 更加高效、有用和强大。这让我们想起了那个经典的笑话：编程中最难的 3 个问题是命名、缓存一致性和差一错误。可以说，考虑到上述问题，一个模块中拥有与模块同名的函数，这种设计确实很糟糕。

第 6 章
异常

异常处理是一种停止"正常"程序流程并从周围的上下文或代码块处继续进行的机制。

中断正常流程的行为被称为"抛出（raising）"异常。在某些封闭的上下文中，必须处理抛出的异常，这意味着控制流被传递到异常处理程序中。如果异常将调用堆栈向上传播到程序的起始处，那么未处理的异常将会导致程序终止。一个异常对象主要包含异常事件发生的位置和原因等有关信息，该对象被传送到异常处理程序，以便处理程序可以询问异常对象并采取适当的操作。

如果你在其他流行的命令式语言（如 C++或 Java）中见到过异常，那么你已经了解了异常在 Python 中的工作原理。

对于"异常事件"的构成，人们已经进行了漫长而令人厌倦的辩论，其核心问题是，异常实际上是一个程度问题（有些事件比其他事件异常）。这种论点是有问题的，因为编程语言强加了一个错误的二分法，坚持认为一个事件是完全异常的，或者根本不是异常的。

在使用异常时，Python 哲学处于自由主义的极端。异常在 Python 中是普遍存在的，了解如何处理它们至关重要。

6.1　异常与控制流程

由于异常是控制流程的一种手段，因此在 REPL 中演示异常会显得很笨拙，因此，在本章中，我们将使用一个 Python 模块来组织代码。从一个非常简单的模块开始，我们将使用该模块来探索这些重要的概念和行为。

将这些代码放到一个名为 exceptional.py 的模块中：

```
"""用于演示异常的模块。"""

def convert(s):
    """转换成一个整数。"""
    x = int(s)
    return x
```

将该模块中的 convert() 函数导入到 Python 的 REPL 中：

```
$ python3
Python 3.5.1 (v3.5.1:37a07cee5969, Dec 5 2015, 21:12:44)
[GCC 4.2.1 (Apple Inc. build 5666) (dot 3)] on darwin
Type "help", "copyright", "credits" or "license" for more information.
>>> from exceptional import convert
```

调用该函数来处理一个传入的字符串来，看看它是否具有所期望的效果：

```
>>> convert("33")
33
```

如果传入一个不能转换为整数的对象来调用该函数，那我们会从 int() 调用中得到一个回溯（traceback）：

```
>>> convert("hedgehog")
Traceback (most recent call last):
  File "<stdin>", line 1, in <module>
  File "./exceptional.py", line 7, in convert
    x = int(s)
ValueError: invalid literal for int() with base 10: 'hedgehog'
```

在这里，int() 抛出了异常，因为它不能正常地进行转换。这里没有一个适当的异常处理程序，所以 REPL 捕获了该异常，并显示了堆栈跟踪信息。换句话说，这个异常是未经处理的。

堆栈跟踪中引用的 ValueError 是异常对象的类型，错误消息是 "invalid literal for int() with base 10: 'hedgehog'"，该消息是异常对象有效内容的一部分，REPL 获取该信息并将其输出。

请注意，异常在调用堆栈中会跨多个级别进行传播：

调 用 堆 栈	效 果
int()	在这里抛出了异常
convert()	异常经过这里
REPL	在这里捕获了异常

处理异常

使用 try…except 语句来处理 ValueError，这样可以使 convert() 函数更加健壮。try 和 except 关键字都引入了新的代码块。try 代码块包含可能抛出异常的代码，而 except 代码块包含在抛出异常的情况下用于执行错误处理的代码。修改 convert() 函数，具体如下：

```
def convert(s):
    """将一个字符串转换成一个整数。"""
    try:
        x = int(s)
    except ValueError:
        x = -1
    return x
```

我们已经决定这样处理：如果传入了非整数字符串，就返回-1。为了加强对整个控制流程的理解，我们还将添加以下几个输出语句：

```
def convert(s):
    """将一个字符串转换成一个整数。"""
    try:
        x = int(s)
        print("Conversion succeeded! x =", x)
    except ValueError:
        print("Conversion failed!")
        x = -1
    return x
```

重启 REPL，进行交互式的测试：

```
>>> from exceptional import convert
>>> convert("34")
Conversion succeeded! x = 34
```

```
34
>>> convert("giraffe")
Conversion failed!
-1
```

注意当将"giraffe"作为函数参数传入时,try代码块中的位于异常抛出之后的print()不会被执行。反而,执行except代码块中的第一个语句。

int()构造函数只接收数字或字符串。如果传入其他类型的对象如列表时,会发生什么?

```
>>> convert([4, 6, 5])
Traceback (most recent call last):
  File "<stdin>", line 1, in <module>
  File "./exceptional.py", line 8, in convert
    x = int(s)
TypeError: int() argument must be a string or a number, not 'list'
```

此时异常处理程序并没有拦截到异常。如果我们仔细观察、跟踪,就可以看到,这次收到了一个TypeError——一种不同类型的异常。

6.2 处理多异常

每个try代码块都可以有多个相应的异常代码块,它们可以拦截不同类型的异常。我们为TypeError添加一个处理程序:

```
def convert(s):
    """将一个字符串转换成一个整数。"""
    try:
        x = int(s)
        print("Conversion succeeded! x =", x)
    except ValueError:
        print("Conversion failed!")
        x = -1
    except TypeError:
        print("Conversion failed!")
        x = -1
    return x
```

现在，如果在一个新的 REPL 中重新运行相同的测试，就会发现 TypeError 也被处理了：

```
>>> from exceptional import convert
>>> convert([1, 3, 19])
Conversion failed!
-1
```

在当前的两个异常处理程序中出现了一些重复的代码，即重复的输出和赋值语句。移除 try 代码块前部的赋值语句，这次调整并不会改变程序的行为：

```python
def convert(s):
    """将一个字符串转换成一个整数。"""
    x = -1
    try:
        x = int(s)
        print("Conversion succeeded! x =", x)
    except ValueError:
        print("Conversion failed!")
    except TypeError:
        print("Conversion failed!")
    return x
```

然后，由于两个处理程序事实上是在做相同的事情，所以我们将它们合并成一个。这里用到了 except 语句的一个功能，它可以接收一个异常类型的元组：

```python
def convert(s):
    """将一个字符串转换成一个整数。"""
    x = -1
    try:
        x = int(s)
        print("Conversion succeeded! x =", x)
    except (ValueError, TypeError):
        print("Conversion failed!")
    return x
```

现在，可以看到一切都如期正常运行：

```
>>> from exceptional import convert
>>> convert(29)
Conversion succeeded! x = 29
29
>>> convert("elephant")
```

```
Conversion failed!
-1
>>> convert([4, 5, 1])
Conversion failed!
-1
```

6.3 程序员的错误

现在，我们对异常行为的控制流程充满了信心，删除 print 语句：

```
def convert(s):
    """将一个字符串转换成一个整数。"""
    x = -1
    try:
        x = int(s)
        print("Conversion succeeded! x =", x)
    except (ValueError, TypeError):
    return x
```

但是导入程序时程序会报错：

```
>>> from exceptional import convert
Traceback (most recent call last):
  File "<stdin>", line 1, in <module>
  File "./exceptional.py", line 11
    return x
          ^
IndentationError: expected an indented block
```

我们得到另一种类型的异常：IndentationError，因为 except 代码块现在是空的，而在 Python 程序中不允许使用空代码块。

这不是一个异常类型，它一般用于捕获异常代码块！几乎一切的程序都会因为 Python 程序导致的异常而失败，但是一些异常类型（如 IndentationError、SyntaxError 和 NameError）是由程序员的错误而导致的，我们应在开发过程中识别并改正这些错误，而不是在运行时处理。事实上，如果你正在创建一个 Python 开发工具，例如 Python IDE，那么将 Python 本身嵌入到更大的系统中以支持应用程序脚本，或者设计一个动态加载代码的插件系统会非常有用。

6.4　空代码块——**pass** 语句

根据前面所说，我们仍然有一个问题尚未解决，就是如何处理空的 except 代码块。解决方案就是使用 pass 关键字，这是一个恰好不做任何事情的特殊语句！它是一个空操作，目的只是允许我们构造语法上允许的语义空代码块：

```python
def convert(s):
    """将一个字符串转换成一个整数。"""
    x = -1
    try:
        x = int(s)
        print("Conversion succeeded! x =", x)
    except (ValueError, TypeError):
        pass
    return x
```

在这种情况下，最好使用多个返回语句来进一步简化程序，完全取消 x 变量：

```python
def convert(s):
    """将一个字符串转换成一个整数。"""
    try:
        return int(s)
    except (ValueError, TypeError):
        return -1
```

6.5　异常对象

有时候，我们希望获取异常对象（在这种情况下可以是 ValueError 或 TypeError 类型的对象）并询问更多的错误信息。在 except 语句的末尾使用一个 as 子句和一个变量名，该变量名称会被绑定到异常对象上，通过这种方式我们可以获取异常对象的命名引用：

```python
def convert(s):
    """将一个字符串转换成一个整数。"""
    try:
        return int(s)
```

```
        except (ValueError, TypeError) as e:
            return -1
```

在返回结果前，我们对函数进行修改以将异常的详细信息输出到 stderr 流。要输出到 stderr，我们需要从 sys 模块中获取流的引用，所以需要在模块的顶部导入 sys。然后，可以将 sys.stderr 作为一个名为 file 的关键字参数传递给 print()：

```
import sys

def convert(s):
    """将一个字符串转换成一个整数。"""
    try:
        return int(s)
    except (ValueError, TypeError) as e:
        print("Conversion error: {}".format(str(e)), file=sys.stderr)
        return -1
```

我们利用了使用 str() 构造函数可以将异常对象转换为字符串的事实。

在 REPL 中，代码如下：

```
>>> from exceptional import convert
>>> convert("fail")
Conversion error: invalid literal for int() with base 10: 'fail'
-1
```

6.6　不明智的返回码

接下来为该模块添加第二个函数 string_log()，该函数会调用 convert() 函数并计算结果的自然对数：

```
from math import log

def string_log(s):
    v = convert(s)
    return log(v)
```

在这一点上，我们必须承认，我们已经误入歧途了，变得越来越 unPythonic。因为我们使用了一个可能返回一个老式负数错误码的 convert() 函数，它包含了一个完美

的 int() 转换，当转换失败时，该转换就会抛出异常。请放心，这个不可饶恕的 Python
异端仅仅用来演示这个愚蠢的、错误的返回代码：它们可能被调用者忽略，从而在程序
的后续的代码中造成破坏。稍微好一些的程序可能会在调用 log 之前测试 v 的值。

log() 未对 v 的值进行检查，当传入错误的负数代码值时，该函数就会失败：

```
>>> from exceptional import string_log
>>> string_log("ouch!")
Conversion error: invalid literal for int() with base 10: 'ouch!'
Traceback (most recent call last):
  File "<stdin>", line 1, in <module>
  File "./exceptional.py", line 15, in string_log
    return log(v)
ValueError: math domain error
```

理所当然，log() 失败会抛出另一个异常，该异常是 ValueError。

更好且更 Pythonic 的做法是，完全忘记错误返回码，并且从 convert() 中抛出一
个异常。

6.7　重抛异常

我们可以简单地发出错误信息，并重抛正在处理的异常对象，而不是返回一个
unPythonic 的错误代码。具体做法是在异常处理代码块的末尾用 raise 语句替换
return -1：

```
import sys

def convert(s):
    """将一个字符串转换成一个整数。"""
    try:
        return int(s)
    except (ValueError, TypeError) as e:
        print("Conversion error: {}".format(str(e)), file=sys.stderr)
        raise
```

无参的 raise 会简单地重抛当前正在处理的异常。

在 REPL 中进行测试，我们可以看到，最初的异常类型被重新抛出，不管它是 ValueError 还是 TypeError，并且转换错误信息一直被输出到 stderr 中：

```
>>> from exceptional import string_log
>>> string_log("25")
3.2188758248682006
>>> string_log("cat")
Conversion error: invalid literal for int() with base 10: 'cat'
Traceback (most recent call last):
  File "<stdin>", line 1, in <module>
  File "./exceptional.py", line 14, in string_log
    v = convert(s)
  File "./exceptional.py", line 6, in convert
    return int(s)
ValueError: invalid literal for int() with base 10: 'cat'
>>> string_log([5, 3, 1])
Conversion error: int() argument must be a string or a number, not 'list'
Traceback (most recent call last):
  File "<stdin>", line 1, in <module>
  File "./exceptional.py", line 14, in string_log
    v = convert(s)
  File "./exceptional.py", line 6, in convert
    return int(s)
TypeError: int() argument must be a string or a number, not 'list'
```

6.8　异常是函数 API 的一部分

异常是函数 API 的一个重要方面。函数的调用者需要知道在各种条件下会出现哪些异常，以便可以在适当的地方进行恰当的异常处理。我们将使用平方根的查找作为示例，该示例使用了由海伦（Heron）提供（尽管他可能没有使用过 Python）的平方根函数。

函数的调用者需要知道可能出现的异常！

将下列代码放入 sqrt.py 文件中：

```
def sqrt(x):
    """使用来自亚历山大的 Heron 的方法计算平方根

    Args:
        x：需要计算平方根的数字

    Returns:
        x 的平方根
    """
    guess = x
    i = 0
    while guess * guess != x and i < 20:
        guess = (guess + x / guess) / 2.0
        i += 1
    return guess

def main():
    print(sqrt(9))
    print(sqrt(2))


if __name__ == '__main__':
    main()
```

这个程序中只有一个语言特性我们之前未遇到过：逻辑与（and）运算符。在循环的每次迭代中，我们使用该运算符测试两个条件是否都为 True。Python 还包括一个逻辑或（or）运算符，它可用于测试其操作数中的一个或两个是否为 True。

运行该程序，我们可以看到 Heron 的方法确实可以实现平方根：

```
$ python3 sqrt.py
3.0
1.41421356237
```

6.8.1　Python 抛出的异常

在 main() 函数中添加一行，该行的作用是求-1 的平方根：

```
def main():
    print(sqrt(9))
```

```
print(sqrt(2))
print(sqrt(-1))
```

如果运行代码，就会得到一个新的异常：

```
$ python3 sqrt.py
3.0
1.41421356237
Traceback (most recent call last):
  File "sqrt.py", line 14, in <module>
    print(sqrt(-1))
  File "sqrt.py", line 7, in sqrt
    guess = (guess + x / guess) / 2.0
ZeroDivisionError: float division
```

现在的情况是 Python 已经截获了一个除以零的操作，它发生在第二次循环中，并抛出了一个异常——ZeroDivisionError。

6.8.2 捕获异常

我们来对代码进行修改，在异常传到调用堆栈顶部（导致程序停止）之前使用 try…except 语句捕获异常：

```
def main():
    print(sqrt(9))
    print(sqrt(2))
    try:
        print(sqrt(-1))
    except ZeroDivisionError:
        print("Cannot compute square root of a negative number.")
    print("Program execution continues normally here.")
```

再次运行脚本，就可以看到异常已经被处理干净了：

```
$ python sqrt.py
3.0
1.41421356237
Cannot compute square root of a negative number.
Program execution continues normally here.
```

请小心避免初学者常犯的一个错误，即异常处理代码块的范围过于紧凑。我们可以使用 try…except 代码块轻松处理所有对 sqrt() 的调用。同时我们还添加了第三个输出语句来显示封闭代码块的执行如何终止：

```
def main():
    try:
        print(sqrt(9))
        print(sqrt(2))
        print(sqrt(-1))
        print("This is never printed.")
    except ZeroDivisionError:
        print("Cannot compute square root of a negative number.")

    print("Program execution continues normally here.")
```

6.8.3　明确地抛出异常

本节对开始时内容进行改进，然而大多数 sqrt() 函数的调用者可能并不希望它抛出 ZeroDivisionError。

Python 提供了几种常见错误的标准异常类型。如果向函数提供了一个非法的值作为参数，那么习惯上 **Python** 会抛出 ValueError。

可以这样来实现：使用 raise 关键字抛出一个新创建的异常对象，然后通过调用 ValueError 构造函数来创建该对象。

有两种方法可用于处理除以零的情况。第一种方法是使用 try…except ZeroDivisionError 语句来包裹根查找的 while 循环，然后在异常处理程序内部抛出一个新的 ValueError 异常。

```
def sqrt(x):
    """使用来自亚历山大的 Heron 的方法计算平方根。

    Args:
        x: 需要计算平方根的数字。

    Returns:
        x 的平方根。
    """
    guess = x
    i = 0
    try:
```

```
        while guess * guess != x and i < 20:
            guess = (guess + x / guess) / 2.0
            i += 1
    except ZeroDivisionError:
        raise ValueError()
    return guess
```

虽然该程序可以正常运行，但这是很浪费的内存的：我们会进行大量的无意义的计算。

6.9 守卫子句

上文介绍的程序在处理负数时总是失败，所以可以预先检测这个前提条件，并抛出一个异常，这个技术叫作守卫子句（guard clause）：

```
def sqrt(x):
    """使用来自亚历山大的 Heron 的方法计算平方根。

    Args:
        x: 需要计算平方根的数字。

    Returns:
        x 的平方根。
    """
    if x < 0:
        raise ValueError("Cannot compute square root of negative
number{}".format(x))

    guess = x
    i = 0

    while guess * guess != x and i < 20:
```

```
        guess = (guess + x / guess) / 2.0
        i += 1
    return guess
```

以上测试是一个简单的 if 语句和一个用来抛出、传递一个新建的异常对象的调用。ValueError() 构造函数接收错误消息。接下来看看应如何修改 docstring，从而让调用者清楚 sqrt() 会抛出哪种异常以及在什么情况下会抛出异常。

首先看看如果运行程序会发生什么——可以得到一个回溯和一个不优雅的程序退出：

```
$ python sqrt.py
3.0
1.41421356237
Traceback (most recent call last):
  File "sqrt.py", line 25, in <module>
    print(sqrt(-1))
  File "sqrt.py", line 12, in sqrt
    raise ValueError("Cannot compute square root of negative number\
                     {0}".format(x))
ValueError: Cannot compute square root of negative number -1
```

这 是 因 为 我 们 忘 记 修 改 异 常 处 理 程 序 来 捕 获 ValueError 而 不 是 ZeroDivisionError 了。修改调用代码来捕获正确的异常类，并将捕获到的异常对象赋值给一个命名变量，这样就可以在捕获异常之后对其进行询问了。在这种情况下，我们只是询问输出的异常对象，它知道如何将自己显示为 stderr 的消息：

```
import sys

def main():
    try:
        print(sqrt(9))
        print(sqrt(2))
        print(sqrt(-1))
        print("This is never printed.")
    except ValueError as e:
        print(e, file=sys.stderr)

    print("Program execution continues normally here.")
```

再次运行程序，我们可以看到异常被优雅地处理：

```
$ python3 sqrt.py
3.0
1.41421356237
Cannot compute square root of negative number -1
Program execution continues normally here.
```

6.10 异常、API 以及协议

异常是函数 API 的一部分，更广义地讲，它应该是某些协议的一部分。例如，实现序列协议的对象应该为超出范围的索引抛出 IndexError 异常。

抛出的异常应该与函数接收的参数一样，都是函数规范的一部分，必须对其进行适当的文档化。

Python 中有一些常见的异常类型，当你需要在自己的代码中抛出异常时，这些异常类型都是不错的选择。几乎很少会需要用户自己定义新的异常类型，本书不对这些内容展开介绍。

如果你想了解代码应该抛出哪些异常，那应该在现有的代码中寻找类似的例子。你的代码越多地遵循现有模式，人们就越容易集成和理解你的代码。例如，假设你正在编写一个键值数据库。你自然而然地应该使用 KeyError 表示请求不存在的键，因为这是字典的工作原理。这就是说，Python 中的"映射"集合遵循某些协议，并且异常是这些协议的一部分。

我们来看几个常见的异常类型。

6.10.1 IndexError

当整数索引超出区间时，程序会抛出 IndexError。

当索引超过列表的长度时，就会看到该异常：

```
>>> z = [1, 4, 2]
>>> z[4]
Traceback (most recent call last):
  File "<stdin>", line 1, in <module>
```

```
IndexError: list index out of range
```

6.10.2　ValueError

当对象是正确的类型但包含不适当的值时，程度会抛出 ValueError。

尝试将非数字字符串构造成一个整型时，就会看到该异常：

```
>>> int("jim")
Traceback (most recent call last):
  File "<stdin>", line 1, in <module>
ValueError: invalid literal for int() with base 10: 'jim'
```

6.10.3　KeyError

当在映射中查找失败时，程序会抛出 KeyError。

当在字典中查找不存在的键时，会看到：

```
>>> codes = dict(gb=44, us=1, no=47, fr=33, es=34)
>>> codes['de']
Traceback (most recent call last):
  File "<stdin>", line 1, in <module>
    KeyError: 'de'
```

6.11　不使用守卫子句处理 TpyeError

我们倾向于防范 Python 中的 TypeError。TypeError 违背了 Python 中的动态类型，并限制了我们编写的代码的可重用的潜力。

例如，可以使用内置的 isinstance() 函数测试参数是否为 str，如果不是，则抛出 TypeError 异常：

```
def convert(s):
    """将一个字符串转换成一个整数。"""
    if not isinstance(s, str):
        raise TypeError("Argument must be a string".)
```

```
try:
    return int(s)
except (ValueError, TypeError) as e:
    print("Conversion error: {}".format(str(e)), file=sys.stderr)
    raise
```

但是，我们也希望可以使用 float 实例的参数。如果想检查该函数是否可以处理其他类型，例如有理数、负数以及其他类型的数字，那么事情就会变得复杂。但是，是谁要求进行这样的检查呢？

或者可以在 sqrt() 函数中拦截 TypeError 并重新抛出它，这么做到底为了什么？

让它失败!

在 Python 中，在函数中添加类型检查通常是不值得的。如果一个函数适用于特定的类型——即使是你设计函数时也不了解的类型——那真是"天降大福"。如果不是，无论如何运行代码都可能会导致 TypeError。同样，我们也不会非常频繁地使用 except 代码块来捕获 TypeError。

6.12　Pythonic 风格——EAFP 与 LBYL

现在来看看 Python 哲学和文化的另一个原则——要求原谅比许可更容易。

处理可能失败的程序操作只有两种方法。第一种方法是在尝试操作之前，检查满足失败倾向操作的所有前提条件。第二种方法是盲目的乐观，但如果出现问题，就要做好处理后果的准备。

在 Python 文化中，这两种哲学被称为三思而后行（Look Before you Leap，LBYL）和要求原谅比许可更容易（Easier to Ask for Forgiveness than for Permission，EAFP），顺口

一提，这是由编译器的发明者海军上将格雷斯·霍珀（Grace Hopper）创造的。

Python 强烈赞成 EAFP，因为它以更加可读的形式组织程序主逻辑，与正常流程的处理分开，而不是散布在主流程中。

来考虑这样一个例子——处理文件。处理的细节是不相关的。我们需要知道的是，`process_file()`函数将打开一个文件并从中读取一些数据。

首先，LBYL 版本：

```
import os

p = '/path/to/datafile.dat'

if os.path.exists(p):
    process_file(p)
else:
    print('No such file as {}'.format(p))
```

在尝试调用 `process_file()`之前，先检查该文件是否存在，如果没有，那么避免进行调用而是输出有用的消息。这种方法有几个弊端，有些是显而易见的，有些是隐匿的。一个明显的弊端是我们只执行存在检查。如果文件存在但是包含垃圾怎么办？如果路径引用的是目录而不是文件怎么办？根据 LBYL，我们也应该为这些问题增加预先的测试。

一个更微妙的问题是这里存在竞态条件（race condition）。在存在的检查和`process_file()`调用之间的文件可能被另一个进程删除，这就是一个经典的竞态条件。处理这个没有什么好办法——在任何情况下都需要处理来自 `process_file()`的错误！

现在考虑替代方案，使用更 Pythonic 的 EAFP 方法：

```
p = '/path/to/datafile.dat'

try:
    process_file(f)
except OSError as e:
    print('Could not process file because {}'.format(str(e)))
```

在这个版本中，我们预先尝试了未经检查的操作，但是我们有一个异常处理程序可以处理任何问题。我们甚至不需要知道很多细节，如究竟是什么出了问题。在这里我们捕获了 OSError，OSError 涵盖了所有的条件，如文件未找到，或者使用了目录而不是期望的文件。

在 Pythoh 中，EAFP 是标准，遵循这一理念主要是为了处理异常。若没有异常，且被迫使用错误代码代替，那需要直接在逻辑主流程中进行错误处理。由于异常会中断主流程，因此可以不在本地处理异常情况。

与 EAFP 相结合的异常也是优越的，因为异常与错误代码不同，它不容易被忽略。默认情况下异常会产生很大的影响，而默认情况下错误代码一般是沉默的。因此，我们很难忽略基于 EAFP 的风格的异常。

6.13 清理操作

有时，你需要执行清理操作，而不管操作是否成功。在后面的章节中，我们将介绍上下文管理器，这是针对这种常见情况的现代解决方案，但是在这里我们将介绍一下 try…finally 语句，因为在简单的情况下，创建一个上下文管理器可能是过度设计的。在任何情况下，理解 try…finally 有助于你开发自己的上下文管理器。

考虑下面这个函数，它使用标准库 os 模块的各种功能来更改当前工作目录、在该位置创建一个新目录以及回到最初的工作目录：

```
import os
def make_at(path, dir_name):
    original_path = os.getcwd()
    os.chdir(path)
    os.mkdir(dir_name)
    os.chdir(original_path)
```

乍一看，这似乎是合理的，但是由于某种原因，程序对 os.mkdir() 的调用可能会失败，Python 进程的当前工作目录无法回到最初的工作目录，而 make_at() 函数将会产生一个意外的副作用。

要解决这个问题，我们希望函数可以在任何情况下都能回到最初的工作目录。这可以通过 try…finally 代码块来完成。finally 代码块中的代码始终都会被执行，不管是正常地执行到了代码块的结尾，还是程序抛出了异常。

这个语句可以与 except 代码块组合使用，用于添加简单的故障日志记录功能：

```python
import os
import sys

def make_at(path, dir_name):
    original_path = os.getcwd()
    try:
        os.chdir(path)
        os.mkdir(dir_name)
    except OSError as e:
        print(e, file=sys.stderr)
        raise
    finally:
        os.chdir(original_path)
```

现在，如果 os.mkdir() 抛出一个 OSError，那 OSError 处理程序将被运行，且异常将被重新抛出。但是由于 finally 代码块总是处于运行状态，所以无论 try 代码块如何结束，在所有情况下目录最终都会被更改。

6.14　禅之刻

禅之刻

绝不应该无声无息地
忽略错误，除非明确
要求要保持沉默

如果让它们保持沉默，
那它们就毫无用处

6.15 平台特定的代码

用 Python 检测单个按键，例如，检测在控制台上"按任意键继续"的功能需要使用操作系统特定的模块。我们不能使用内置的 input() 函数，因为它在输出字符串之前需要等待用户按 Enter 键。为了在 Windows 系统上实现这一点，我们需要使用 Windows 系统特有的 msvcrt 模块的功能；在 Linux 系统和 macOS 系统上，除了 sys 模块之外，还需要使用 UNIX 系统特有的 tty 和 termios 模块的功能。

下面这个例子是非常有启发性的，因为它演示了许多 Python 语言的特性，包括 import 和 def as 语句，而不仅仅是声明：

```
"""keypress - 一个用于检测单个按键的模块。"""

try:
    import msvcrt

    def getkey():
        """等待按键，并返回单个字符。"""
        return msvcrt.getch()
except ImportError:
    import sys
    import tty
    import termios
    def getkey():
        """等待按键，并返回单个字符。"""
        fd = sys.stdin.fileno()
        original_attributes = termios.tcgetattr(fd)
        try:
            tty.setraw(sys.stdin.fileno())
            ch = sys.stdin.read(1)
        finally:
            termios.tcsetattr(fd, termios.TCSADRAIN, original_ attributes)
        return ch
    # 如果没有找到任何 UNIX 特定的 tty 或 termios 模块
    # 那么 ImportError 可以从这里传播
```

回想一下，顶层模块代码在首次导入时被执行。在第一个 try 代码块中，我们尝试导入 Microsoft Visual C 运行时的 msvcrt。如果导入成功，随后就定义函数 getkey()，该函数代表着 msvcrt.getch() 函数。即使现在程序运行到了 try 代码块，这个函数也会被声明在当前作用域也就是模块范围中。

但是，如果 msvcrt 导入失败，原因是我们没有在 Windows 系统上运行，那么程序将抛出一个 ImportError，执行将转移到 except 代码块上。这是一个错误被明确地沉默处理的情况，这是因为我们将在异常处理程序中尝试一个替代的操作。

在 except 代码块中，我们要导入 3 个模块，这些模块用于在类 UNIX 系统上实现 getkey()，然后继续执行 getkey() 的替代定义，该定义再次将函数实现绑定到模块范围中的名称上。

这个 UNIX 系统实现的 getkey() 函数使用了 try finally 语句，该语句将终端从用于读取单个字符的原始模式恢复为各种终端属性。

如果我们的程序在既不是 Windows 也不是类 UNIX 的系统上运行，那么 import tty 语句会引发第二个 ImportError。这次我们不会试图拦截这个异常：允许它传到调用者——任何尝试导入这个 keypress 模块的程序。我们知道如何表示这个错误，但不知道如何处理它，所以将决定推给调用者。错误不会被无声无息地忽略。

如果调用者有更多的知识或替代的可用策略，那么用户可以反过来拦截这个异常并采取适当的行动——也许会降级使用 Python 的 input() 内置函数且向用户提供不同的消息。

6.16　小结

- 异常的抛出会中断正常的程序流程并将控制权转移到异常处理程序上。

- 异常处理程序使用 try…except 语句定义。

- try 代码块定义了可以检测异常的上下文。

- 相应的 except 代码块定义了特定类型异常的处理程序。

- Python 普遍使用异常，许多内置的语言特性依赖于异常。

- except 代码块可以捕获一个异常对象，该对象通常是一个标准的类型，例如 ValueError、KeyError 或 IndexError。

- 程序员的错误（如 IndentationError 和 SyntaxError）通常不会被处理。

- 可以使用接收单个异常对象参数的 raise 关键字发出异常条件。

- 在 except 代码块中的无参 raise 会重抛正在处理的异常。

- 我们通常不检查 TypeErrors。检查 TypeErrors 会否定 Python 动态类型系统为我们提供的灵活性。

- 为了输出消息的有效载荷，可以使用 str() 构造函数将异常对象转换为字符串。

- 函数抛出的异常构成了 API 的一部分，应该对其进行适当的文档化。

- 当抛出异常时，应该使用合适的内置异常类型。

- 可以使用 try…finally 语句来执行清理和恢复操作，该语句还可以与 except 代码块结合使用。

- 可以使用可选 file 参数将用于输出的 print() 函数重定向到 stderr。

- Python 支持逻辑运算符 and 和 or，它们可以用于组合布尔表达式。

- 返回码太容易被忽略。

- 平台特定的操作可以使用 EAFP 方法实现，该方法主要使用可以拦截 ImportErrors 并提供替代方案的实现方式。

第 7 章
推导、可迭代与生成器

对象序列的抽象概念在编程中无处不在。它可以用于塑造大不相同的对象，诸如简单字符串、复杂对象的列表和无限长的传感输出流。Python 包含了一些非常强大和优雅的处理序列的工具，你可能不会对此感到惊讶。事实上，对于很多人来说，Python 支持创建和操作序列的功能是选择它之一。

在本章中，我们将介绍 Python 提供的用于处理序列的 3 个关键工具：推导（comprehension）、可迭代（iterable）与生成器（generator）。推导包括以声明方式创建各种类型的序列的专用语法。可迭代和迭代协议（iteration protocol）构成了 Python 中的序列与迭代的核心抽象和 API。你可以使用它们定义新的序列类型，并对迭代进行细粒度的控制。最后，我们可以使用生成器命令式地定义惰性序列，在很多情况下，这是一项惊人的强大技术。

让我们马上开始学习推导。

7.1　推导

Python 中的推导是一项简洁的语法，它可以用于以声明式或者函数式的方式描述的列表、集合或字典。这种语法易读且富有表达力，这意味着推导可以非常有效地向读者传达意图。有一些推导看起来几乎像是自然语言，这使得它们自身就是很好的文档。

7.1.1 列表推导

如上所述，列表推导是一种创建列表的简单方法。它是一个使用了简明语法的表达式，该表达式描述了如何定义列表元素。

演示推导要比解释它们容易得多，因此需要开启一个 Python REPL。首先，通过拆分字符串来创建一个单词列表：

```
>>> words = "If there is hope it lies in the proles".split()
>>> words
['If', 'there', 'is', 'hope', 'it', 'lies', 'in', 'the', 'proles']
```

现在要使用列表推导了。推导就像列表字面量一样，位于方括号中，但它不是字面量元素，而是包含了一个声明的代码，该代码描述了如何构造列表的元素：

```
>>> [len(word) for word in words]
[2, 5, 2, 4, 2, 4, 2, 3, 6]
```

这里的新列表是这样生成的：先依次将 words 中的每一个值与 word 绑定，然后使用 len(word) 进行求值以在新列表中创建相应的值。换句话说，该方法构造了一个包含字符串长度的新列表；很难想到一个更有效的方式能表达这个新的列表！

1. 列表推导语法

列表推导的一般形式是：

```
[expr(item) for item in iterable]
```

对于右边的迭代器中的每个项目，我们使用左边的表达式 expr(item) 对其进行求值（几乎总是这样，但也不是必需的，要根据项目处理）。我们使用该表达式的结果作为正在构造的列表的元素。

上面的列表推导与下面的命令式代码的声明是等效的：

```
>>> lengths = []
>>> for word in words:
...       lengths.append(len(word))
...
>>> lengths
[2, 5, 2, 4, 2, 4, 2, 3, 6]
```

2. 列表推导的元素

请注意，我们在列表推导中所迭代的源对象不一定是列表。它可以是实现迭代协议的任何对象，如元组。

推导的表达部分可以是任何的 Python 表达式。在这里，我们通过 range()（它是一个可迭代对象）来生成源序列，然后找出该序列中每一项的阶乘的十进制位数：

```
>>> from math import factorial
>>> f = [len(str(factorial(x))) for x in range(20)]
>>> f
[1, 1, 1, 1, 2, 3, 3, 4, 5, 6, 7, 8, 9, 10, 11, 13, 14, 15, 16, 18]
```

还要注意，通过列表推导生成的对象类型正好是常规列表：

```
>>> type(f)
<class 'list'>
```

考虑其他类型的推导并考虑如何在无限序列上执行迭代，这一点非常重要。

7.1.2　集推导

集（set）支持类似的推导语法，正如你所了解的那样，集使用花括号。之前的"阶乘数字位数"的列表推导包含重复的结果，我们可以通过构建集而不是列表来消除重复的结果：

```
>>> s = {len(str(factorial(x))) for x in range(20)}
>>> s
{1, 2, 3, 4, 5, 6, 7, 8, 9, 10, 11, 13, 14, 15, 16, 18}
```

和列表推导一样，集推导产生标准的集对象：

```
>>> type(s)
<class 'set'>
```

请注意，由于集是无序容器，因此结果集未必按照有意义的顺序进行存储。

7.1.3　字典推导

第三种推导是字典推导。和集推导的语法一样，字典推导也使用花括号。与集推导不同的是，Python 为字典推导提供了两个冒号分隔的表达式——第一个用于键，另一个用于值——它们将会被串行求值以作为结果字典中的一个新项目。下面是一个我们可以使用的字典：

```
>>> country_to_capital = { 'United Kingdom': 'London',
...                        'Brazil': 'Brasília',
...                        'Morocco': 'Rabat',
...                        'Sweden': 'Stockholm' }
```

字典推导的一个很好的用途是反转字典，以便我们可以从相反的方向执行有效的查找：

```
>>> capital_to_country = {capital: country for country, capital in
country_to_capital.items()}
>>> from pprint import pprint as pp
>>> pp(capital_to_country)
{'Brasília': 'Brazil',
 'London': 'United Kingdom',
 'Rabat': 'Morocco',
 'Stockholm': 'Sweden'}
```

 字典推导不直接在字典源上操作！如果想要源字典中的键和值，那么应该使用与元组拆包相结合的 items() 方法来分别访问这些键和值。

如果推导产生了一些相同的键，则后面的键将覆盖之前的键。在这个例子中，我们将单词的第一个字母映射到单词本身，这只会保留最后一个以 h 开头的字词：

```
>>> words = ["hi", "hello", "foxtrot", "hotel"]
>>> { x[0]: x for x in words }
{'h': 'hotel', 'f': 'foxtrot'}
```

推导的复杂度

请记住，在任何推导中，你所使用的表达式的复杂性是没有限制的。不过，考虑到其他的同事，你应该避免过度使用。相反，你可以将复杂表达式提取到单独的函数中以保持可读性。下面这个例子展示了一个合理的字典推导的极限：

```
>>> import os
>>> import glob
>>> file_sizes = {os.path.realpath(p): os.stat(p).st_size for p in
glob.glob('*.py')}
>>> pp(file_sizes)
```

```
{'/Users/pyfund/examples/exceptional.py': 400,
 '/Users/pyfund/examples/keypress.py': 778,
 '/Users/pyfund/examples/scopes.py': 133,
 '/Users/pyfund/examples/words.py': 1185}
```

这里使用 glob 模块来查找目录中的所有 Python 源文件。然后，使用这些文件创建了一个路径映射到文件大小的字典。

7.1.4　过滤推导

前面介绍的 3 种类型的集合推导都支持可选的过滤子句，我们可以使用它们来选择项目，这些项目来自左边表达式的求值结果。过滤子句通过在推导的序列定义的后面添加 if <boolean expression> 来指定。对于输入序列中的项目，如果布尔表达式返回 false，则最终结果不会包含该项目。

为了使这个例子更有趣，我们首先定义一个函数来确定它的输入是否为素数：

```
>>> def is_prime(x):
...     if x < 2:
...         return False
...     for i in range(2, int(sqrt(x)) + 1):
...         if x % i == 0:
...             return False
...     return True
...
```

现在，我们可以在列表推导的过滤子句中使用这个子句来生成所有小于 100 的素数：

```
>>> [x for x in range(101) if is_prime(x)]
[2, 3, 5, 7, 11, 13, 17, 19, 23, 29, 31, 37, 41, 43, 47, 53, 59, 61, 67,71,
73, 79, 83, 89, 97]
```

结合过滤和转换

Python 有一个有点奇怪的 x for x 语句，这是因为我们不会对过滤的值进行任何转换，那么表达式中的 x 只是 x 本身。然而，没有什么可以阻止我们将过滤判断与转换表达式相结合。以下是一个字典推导，它将正好有 3 个约数的数字映射到包含这些约数的元组中：

```
>>> prime_square_divisors = {x*x:(1, x, x*x) for x in range(101) if
```

```
is_prime(x)}
    >>> pp(prime_square_divisors)
    {4: (1, 2, 4),
     9: (1, 3, 9),
     25: (1, 5, 25),
     49: (1, 7, 49),
     121: (1, 11, 121),
     169: (1, 13, 169),
     289: (1, 17, 289),
     361: (1, 19, 361),
     529: (1, 23, 529),
     841: (1, 29, 841),
     961: (1, 31, 961),
     1369: (1, 37, 1369),
     1681: (1, 41, 1681),
     1849: (1, 43, 1849),
     2209: (1, 47, 2209),
     2809: (1, 53, 2809),
     3481: (1, 59, 3481),
     3721: (1, 61, 3721),
     4489: (1, 67, 4489),
     5041: (1, 71, 5041),
     5329: (1, 73, 5329),
     6241: (1, 79, 6241),
     6889: (1, 83, 6889),
     7921: (1, 89, 7921),
     9409: (1, 97, 9409)}
```

7.2 禅之刻

推导通常要比替代方法更可读。然而，有时候我们可能过度使用推导。有时，冗长而又复杂的推导可能比等效的 for 循环的可读性更差。对于何时应该选择哪一种形式，并没有必须要遵守的规则，但是在编写代码时，你应该小心谨慎，并尝试根据情况选择最好的形式。

最重要的是，推导应该是理想中的纯函数式——应该没有额外功能。如果你需要额外的功能，例如在迭代期间输出到控制台，请使用其他语句，如 for 循环。

7.3　迭代协议

推导和 for 循环是常用的用于执行迭代的语言特性。两者都从源对象中逐个获取项目，并依次对每个项目进行处理。默认情况下，推导和 for 循环对整个序列都会进行迭代，然而有时我们需要更细粒度的控制。在本节中，我们将通过介绍两个重要概念来进行这种细粒度的控制，这两个概念构建了大量 Python 语言的行为：可迭代（iterable）对象和迭代器（iterator）对象，这两个对象都反映在标准 Python 协议中。

可迭代协议（iterable protocol）定义了可迭代对象必须实现的 API。也就是说，如果你希望能够使用 for 循环或推导来迭代对象，则该对象必须能够实现可迭代协议。像列表这样的内置类实现了可迭代协议。你可以将实现可迭代协议的对象传递给内置的 iter() 函数，以获取可迭代对象的迭代器。

迭代器也支持迭代器协议（iterator protocol）。该协议要求我们将迭代器对象传递给内置的 next() 函数，然后从底层集合中获取下一个值。

7.3.1　迭代协议实例

像之前一样，我们在 Python REPL 中进行演示，这有助于读者理解概念并学以致用。将季节名称列表作为一个可迭代对象：

```
>>> iterable = ['Spring', 'Summer', 'Autumn', 'Winter']
```

随后，可以使用内置的 iter() 从 iterable 对象中获取迭代器：

```
>>> iterator = iter(iterable)
```

接下来，使用 `next()` 内置函数从 `iterator` 对象中请求一个值：

```
>>> next(iterator)
'Spring'
```

每次调用 `next()` 都会按以下顺序从 `iterator` 对象中请求一个值：

```
>>> next(iterator)
'Summer'
>>> next(iterator)
'Autumn'
>>> next(iterator)
'Winter'
```

但是，当到达集合末尾时，会发生什么呢？

```
>>> next(iterator)
Traceback (most recent call last):
  File "<stdin>", line 1, in <module>
StopIteration
```

在上面这段代码中，Python 抛出了 `StopIteration` 异常。对于那些了解其他编程语言且对异常处理墨守陈规的人来说，可能会觉得这稍微有点离谱，但是，真的，还有什么比到达集合的末尾更异常的事情呢？毕竟只有一个末尾！

当可迭代的序列可能是一个潜在的无限数据流时，这种合理化 Python 语言设计决策的尝试会更有意义。在这种情况下，到达末尾值得详述，或者确实应抛出一个异常。

7.3.2　更好的迭代实例

随着我们对 `for` 循环和推导理解的加深，这些较低级的迭代协议的效用可能不明显。为了演示更具体的用法，下面用一个实用的函数来介绍。当传递一个可迭代的对象序列时，程序返回该序列的第一个项目，或者如果该系列为空，则会抛出 `ValueError`：

```
>>> def first(iterable):
...     iterator = iter(iterable)
...     try:
...         return next(iterator)
...     except StopIteration:
...         raise ValueError("iterable is empty")
...
```

迭代协议在任何可迭代的对象上都可以如期工作，在这种情况下，一个列表和一个集都可以，如下所示：

```
>>> first(["1st", "2nd", "3rd"])
'1st'
>>> first({"1st", "2nd", "3rd"})
'1st'
>>> first(set())
Traceback (most recent call last):
  File "./iterable.py", line 17, in first
    return next(iterator)
StopIteration

During handling of the above exception, another exception occurred:

Traceback (most recent call last):
  File "<stdin>", line 1, in <module>
  File "./iterable.py", line 19, in first
    raise ValueError("iterable is empty")
ValueError: iterable is empty
```

值得注意的是，较高级别的迭代语句（如 `for` 循环和推导），会直接构建在这种较低级别的迭代协议上。

7.4 生成器函数

现在我们来讲解生成器函数（generator function），它是 Python 编程语言中最强大和最优雅的功能之一。Python 生成器提供了在函数中用代码描述可迭代序列的方法。对序列进行惰性求值，这意味序列会根据需要计算下一个值。我们可以使用这个重要的属性来无限制地建立无限长的序列，例如来自传感器或活动日志文件的数据流。通过仔细地设计生成器函数，我们可以构造通用流来处理元素，这些元素可以组成复杂的管道。

7.4.1 `yield` 关键字

生成器可以由任何 Python 函数定义，它在定义中至少使用一次 `yield` 关键字。该关键字还可以包含没有参数的 `return` 关键字，就像任何其他函数一样，在定义的末尾有一个隐式的返回值。

要了解生成器的作用，我们可以在 Python REPL 中进行一个简单的例子。

先定义生成器，然后来研究生成器的工作原理。

生成器函数由 def 引入，就像常规的 Python 函数一样：

```
>>> def gen123():
...     yield 1
...     yield 2
...     yield 3
...
```

现在，我们可以调用 gen123() 并且把它的返回值赋值给 g：

```
>>> g = gen123()
```

正如你所看到的，gen123() 就像任何其他 Python 函数一样被调用。但是它返回了什么呢？

```
>>> g
<generator object gen123 at 0x1006eb230>
```

7.4.2　生成器是迭代器

字母 g 是生成器对象。事实上，生成器也是 Python 迭代器，所以我们可以使用迭代器协议来从序列中检索或生成连续的值：

```
>>> next(g)
1
>>> next(g)
2
>>> next(g)
3
```

注意，现在我们已经从生成器中获得了最后一个值。

next() 继续调用则会抛出 StopIteration 异常，就像任何其他 Python 迭代器一样：

```
>>> next(g)
```

```
Traceback (most recent call last):
  File "<stdin>", line 1, in <module>
StopIteration
```

因为生成器是迭代器，并且因为迭代器也必须是可迭代的，所以它们可以用于所有常见期望可迭代对象（例如 for 循环）的 Python 语句中：

```
>>> for v in gen123():
...     print(v)
...
1
2
3
```

请注意，每次调用生成器函数都会返回一个新的生成器对象：

```
>>> h = gen123()
>>> i = gen123()
>>> h
<generator object gen123 at 0x1006eb2d0>
>>> i
<generator object gen123 at 0x1006eb280>
>>> h is i
False
```

还要注意每个生成器对象可以独立进阶：

```
>>> next(h)
1
>>> next(h)
2
>>> next(i)
1
```

7.4.3 生成器代码何时执行

让我们来看看生成器函数正文中的代码是如何执行的，最关键的是什么时候执行。要做到这一点，我们将创建一个稍微更复杂的生成器，并使用老式的 print 语句跟踪它的执行：

```
>>> def gen246():
...     print("About to yield 2")
```

```
...        yield 2
...        print("About to yield 4")
...        yield 4
...        print("About to yield 6")
...        yield 6
...        print("About to return")
...
>>> g = gen246()
```

此时，我们创建并返回了生成器对象，但是生成器函数体中的任何代码都没有被执行。先执行一次 next()：

```
>>> next(g)
About to yield 2
2
```

请注意观察，当请求第一个值时，生成器函数体是如何开始运行并且包含第一个 yield 语句的。代码执行到足够在字面上产生下一个值为止。

```
>>> next(g)
About to yield 4
4
```

当从生成器请求下一个值时，生成器函数从它停止的地方开始恢复执行，并继续运行，直到下一个 yield：

```
>>> next(g)
About to yield 6
6
```

在返回最终值后，下一个请求会使生成器函数继续执行，直到在函数体结尾返回，这反过来引发了预期的 StopIteration 异常。

```
>>> next(g)
About to return
  Traceback (most recent call last):
    File "<stdin>", line 1, in <module>
StopIteration
```

现在，我们已经看到生成器执行是通过调用 next() 发起的，并且被 yield 语句中断，我们可以进一步将更复杂的代码放在生成器函数体中了。

7.4.4　管理生成器的显式状态

现在来看看生成器的函数，它在程序请求下一个值时恢复执行，并且在局部变量中保持原状态。在这个过程中，我们的生成器将更有趣、更有用。本节将介绍两个演示惰性求值的生成器，然后将它们组合成一个生成器管道。

1. 第一个有状态的生成器

我们将要看的第一个生成器是 take()，它从序列的前面开始检索指定数量的元素：

```python
def take(count, iterable):
    """获取可迭代序列的前面的项目。
    Args:
        count: 最大检索数量。
        iterable: 项目的源序列。
    Yields:
        'iterable'中至多'count' 个项目。
    """
    counter = 0
    for item in iterable:
        if counter == count:
            return
        counter += 1
        yield item
```

 该函数定义了一个生成器，因为它至少包含一条 yield 语句。这个特定的生成器还包含一条返回语句来终止产出值的流。生成器只是使用一个计数器来跟踪到目前为止已经产出了多少元素，当请求超出计数时，函数就会返回。

由于生成器是惰性的，只能根据请求生成值，所以我们将在 run_take() 函数中使用 for 循环驱动执行：

```python
def run_take():
    items = [2, 4, 6, 8, 10]
    for item in take(3, items):
        print(item)
```

这里创建一个名为 items 的源列表，并把它和一个计数值 3 一起传入生成器函数中。在程序内部，for 循环将使用迭代器协议从 take() 生成器中检索值，直到终止。

2. 第二个有状态的生成器

现在来看看第二个生成器。这个生成器函数叫作 distinct()，它通过跟踪一组已经存在的元素来消除重复项：

```
def distinct(iterable):
    """通过消除重复项来返回唯一的项目。

    Args:
        iterable: 项目的源序列。

    Yields:
        'iterable'中的唯一项目。
    """
    seen = set()
    for item in iterable:
        if item in seen:
            continue
        yield item
        seen.add(item)
```

在这个生成器中，我们还使用了之前没有看到过的控制流结构：continue 关键字。continue 语句会完成循环的当前迭代，并立即开始下一次迭代。在这种情况下，执行将被转回到 for 语句。与 break 一样，continue 也可以与 while 循环一起使用。

在这种情况下，continue 用于跳过任何已经产生的值。我们可以添加一个 run_distinct() 函数来执行 distinct()：

```
def run_distinct():
    items = [5, 7, 7, 6, 5, 5]
    for item in distinct(items):
        print(item)
```

3. 理解这些生成器

此时此刻，你应该再花一些时间研究上面介绍的两个生成器。确保你已经了解了它们的工作原理以及控制流如何随着它们所保存的状态流入和流出。如果你使用 IDE 运行这些示例，则可以使用调试器通过在生成器和使用它们的代码中放置断点来跟踪控制流程。你可以使用 Python 的内置 pdb 调试器（稍后再介绍），甚至只需使用旧式的输出语句即可完成相同操作。

你可以做到这一点，在进行下一个章节之前，确保你真地熟悉了这些生成器是如何工作的。

4．惰性生成器管道

现在你已经了解了生成器，我们将把它们安排在一个惰性管道中。我们将一起使用 take() 和 distinct() 从集合中获取前 3 个唯一的项：

```
def run_pipeline():
    items = [3, 6, 6, 2, 1, 1]
    for item in take(3, distinct(items)):
        print(item)
```

请注意，distinct() 生成器只做足够的工作来满足正在迭代的 take() 生成器的需求。它不会得到源列表中最后的两个项目，这是因为生成前 3 个唯一项目时不需要最后两个项目。这种惰性的计算方法非常强大，但它生成的复杂控制流程可能难以调试。在开发期间强制对所有要生成的值立即进行求值通常很有用，并且通过调用 list() 构造函数可以很容易实现：

```
take(3, list(distinct(items)))
```

这种对 list() 穿插的调用会导致 distinct() 生成器在 take() 执行之前彻底处理其源项。有时，当你调试惰性求值序列时，这种调用可以让你了解发生了什么。

7.4.5　惰性与无限

生成器是惰性的，这意味着计算只有在请求下一个结果的时候才会发生。生成器的这个有趣且有用的特性意味着它们可以用于建模无限序列。由于值只能由调用者的请求生成，并且不需要构建数据结构来包含序列的元素，所以生成器可以安全地用于生成无穷尽的（或只是非常大的）序列，如：

- 传感器读数；
- 数学序列（例如素数、阶乘等）；
- 1 个 TB 大小的文件的内容。

生成 Lucas 数列

下面是一个生成 Lucas 数列的生成器：

```
def lucas():
    yield 2
    a = 2
    b = 1
    while True:
        yield b
        a, b = b, a + b
```

Lucas 数列以 2、1 开始，之后的每个值是前面两个值的总和。所以数列的前几个值是：

```
2, 1, 3, 4, 7, 11
```

第一个 yield 产生值 2。然后，该函数初始化 a 和 b，这两个值用于保存函数进行所需的"前两个值"。然后函数进入无限 while 循环，其中：

- 产出 b 的值；

- 使用优雅的元组解包将 a 和 b 更新为新的"前两个"值。

现在我们有一个生成器，它可以像任何其他可迭代的对象一样使用。例如，要输出 Lucas 数字，你可以使用如下循环：

```
>>> for x in lucas():
...     print(x)
...
2
1
3
4
7
11
18
29
47
76
123
199
```

当然，由于 Lucas 数列是无限的，这将永远运行，打印输出值，直到用光计算机的内存。你可以使用 Ctrl+C 组合键来终止循环。

7.5　生成器表达式

生成器表达式是推导和生成函数之间的交叉。它使用的语法与推导类似，但它会创建一个生成特定惰性序列的生成器对象。生成器表达式的语法与列表推导的非常相似：

```
( expr(item) for item in iterable )
```

它由圆括号分隔，而不是通过方括号（用于列表推导）分隔。

生成器表达式对于以下情况很有用：即你希望使用简洁的推导来声明，生成器来进行惰性求值。例如，以下生成器表达式生成了一个百万平方数的列表：

```
>>> million_squares = (x*x for x in range(1, 1000001))
```

此时，它没有创建任何一个数的平方，并且我们已经将序列的规范写入到生成器对象中：

```
>>> million_squares
<generator object <genexpr> at 0x1007a12d0>
```

我们可以使用生成器表达式创建一个（长）列表来强制对生成器进行求值：

```
>>> list(million_squares)
...
999982000081, 999984000064, 999986000049, 999988000036, 999990000025,
999992000016, 999994000009, 999996000004, 999998000001, 1000000000000]
```

这个列表明显消耗了大量的内存——在这种情况下，列表对象和其中包含的整数对象的大小约为 40MB。

7.5.1　生成器对象只运行一次

请注意，生成器对象只是一个迭代器，一旦以这种方式执行彻底的运行，生成器对象将不会产出更多的项目。重复上一个语句将返回一个空列表：

```
>>> list(million_squares)
[]
```

生成器是单用途对象。每次调用生成器函数时，程序都会创建一个新的生成器对象。要从生成器表达式重建生成器，我们必须再次执行表达式。

7.5.2 低内存消耗的迭代器

我们可以使用内置的 sum() 函数来计算前 1000 万个数字的平方的总和来增加内存的消耗，该方法接收可迭代的数字序列。如果使用列表推导，预计会消耗大约 400MB 的内存。而使用生成器表达式，内存的使用情况是微不足道的：

```
>>> sum(x*x for x in range(1, 10000001))
333333383333335000000
```

大约一秒左右，就会产生一个结果，几乎不怎么消耗内存。

7.5.3 可选的括号

仔细看，你会发现在这种情况下，除了 sum() 函数调用所需的括号外，我们没有为生成器表达式提供单独的括号。用于函数调用的括号也可用于生成器表达式，这个优雅的能力有助于提高可读性。如果愿意，可以在代码中包含第二组括号。

7.5.4 在生成器表达式中使用 if 子句

与推导一样，我们可以在生成器表达式的末尾使用一个 if 子句。重用公认的效率低下的 is_prime() 判断，我们可以确定前 1000 个数中素数的总和：

```
>>> sum(x for x in range(1001) if is_prime(x))
76127
```

请注意，这与计算前 1000 个素数之和不是一回事。这是一个比较尴尬的问题，因为我们事先并不知道需要测试多少个整数才能记录 1000 个素数。

7.6 内置的迭代工具

到目前为止，本章已经介绍了 Python 提供的许多用于创建可迭代对象的方法了。推导、生成器以及遵循可迭代或迭代器协议的任何对象都可以用于迭代，很显然，迭代是 Python 的核心功能。

Python 提供了许多用于执行通用迭代器操作的内置函数。这些函数形成了一个用于处理迭代器的词汇表的核心，我们可以将它们结合在一起，以非常简洁、可读的形式写出功能强大的语句。我们已经介绍了它们其中的一些函数，包括用于生成整数索引的 enumerate() 和用于计算数字和的 sum()。

7.6.1　itertools 简介

除了内置函数外，itertools 模块还包含了许多有用的函数和生成器，它们用于处理可迭代的数据流。

我们将通过解决前 1000 个素数问题来演示这些函数，这会用到内置的 sum()，以及 itertools 中的两个生成器函数：islice() 和 count()。

早些时候，我们编写了 take() 生成器函数，用于延迟检索序列的前部。但是，无须烦恼，因为我们使用 islice() 执行类似于内置列表切片功能的惰性切片。为了获得前 1000 个素数，我们需要做一些事情：

```
from itertools import islice, count

islice(all_primes, 1000)
```

但是如何生成 all_primes 呢？以前，我们一直使用 range() 来创建整数的原始序列以用于素数测试，但序列的范围必须是有限的，即在两端都是有界的。我们想要的是 range() 的开放式版本，这正是 itertools.count() 所提供的。使用 count() 和 islice()，我们的前 1000 个素数表达式可以写成：

```
>>> thousand_primes = islice((x for x in count() if is_prime(x)), 1000)
```

以上代码将返回一个特殊的可迭代的 islice 对象。我们可以使用列表构造函数将其转换为列表：

```
>>> thousand_primes
<itertools.islice object at 0x1006bae10>
>>> list(thousand_primes)
```

```
[2, 3, 5, 7, 11, 13 ... ,7877, 7879, 7883, 7901, 7907, 7919]
```

关于前 1000 个素数总和的问题，现在回答它很容易，记住要再创造一个生成器：

```
>>> sum(islice((x for x in count() if is_prime(x)), 1000))
3682913
```

7.6.2　布尔序列

另外两个非常有用的、内置的有助于优雅编码的函数是 any() 和 all()。

它们相当于逻辑运算符 and 和 or，但是它们可用于可迭代的布尔值序列：

```
>>> any([False, False, True])
True
>>> all([False, False, True])
False
```

这里将使用 any() 和一个生成器表达式来回答 1328~1360 是否存在素数的问题：

```
>>> any(is_prime(x) for x in range(1328, 1361))
False
```

下面是一个不同类型的问题，我们可以检查所有这些城市名称是否是用大写字母开头的专有名词：

```
>>> all(name == name.title() for name in ['London','Paris','Tokyo'])
True
```

7.6.3　使用 zip 合并序列

我们将要学习的最后一个内置函数是 zip()，它用于将两个迭代系列合并。例如，将两列温度数据，一组是星期日的，一组是星期一的，压缩到一起：

```
>>> sunday = [12, 14, 15, 15, 17, 21, 22, 22, 23, 22, 20, 18]
>>> monday = [13, 14, 14, 14, 16, 20, 21, 22, 22, 21, 19, 17]
>>> for item in zip(sunday, monday):
...     print(item)
...
(12, 13)
(14, 14)
(15, 14)
```

```
(15, 14)
(17, 16)
(21, 20)
(22, 21)
(22, 22)
(23, 22)
(22, 21)
(20, 19)
(18, 17)
```

可以看到，zip()在迭代时产出元组。这又意味着可以在 for 循环中使用元组解包来计算这几天每小时的平均温度：

```
>>> for sun, mon in zip(sunday, monday):
...     print("average =", (sun + mon) / 2)
...
average = 12.5
average = 14.0
average = 14.5
average = 14.5
average = 16.5
average = 20.5
average = 21.5
average = 22.0
average = 22.5
average = 21.5
average = 19.5
average = 17.5
```

对多个序列使用 zip

事实上，zip()可以接收任意数量的可迭代参数。接下来添加第三个时间序列并使用其他内置函数来统计相应时间的相关信息：

```
>>> tuesday = [2, 2, 3, 7, 9, 10, 11, 12, 10, 9, 8, 8]
>>> for temps in zip(sunday, monday, tuesday):
...     print("min = {:4.1f}, max={:4.1f}, average={:4.1f}".format(
...             min(temps), max(temps), sum(temps) / len(temps)))
...
min = 2.0, max=13.0, average= 9.0
min = 2.0, max=14.0, average=10.0
min = 3.0, max=15.0, average=10.7
```

```
min = 7.0, max=15.0, average=12.0
min = 9.0, max=17.0, average=14.0
min = 10.0, max=21.0, average=17.0
min = 11.0, max=22.0, average=18.0
min = 12.0, max=22.0, average=18.7
min = 10.0, max=23.0, average=18.3
min = 9.0, max=22.0, average=17.3
min = 8.0, max=20.0, average=15.7
min = 8.0, max=18.0, average=14.3
```

请注意如何使用字符串格式化功能来将数字列的宽度控制为 4 个字符。

7.6.4 使用 `chain()` 进行序列惰性连接

或许，我们想要一个包含周日、周一和周二的长时间的温度序列。

我们可以使用 `itertools.chain()` 来惰性连接可迭代序列，而不是将 3 个温度列表结合起来而创建一个新列表。

```
>>> from itertools import chain
>>> temperatures = chain(sunday, monday, tuesday)
```

`temperatures` 变量是一个可迭代的对象，首先从星期日产生值，然后是星期一，最后是星期二。因为是惰性求值，所以它从来不会创建一个包含所有元素的列表。事实上，它从来没有创建过任何类型的中间列表！

现在可以检查所有温度是否在冰点以上，该程序没有数据复制的内存影响：

```
>>> all(t > 0 for t in temperatures)
True
```

7.7 融会贯通

在进行总结之前，把前面的一些内容放在一起，让计算机计算出 Lucas 素数：

```
>>> for x in (p for p in lucas() if is_prime(p)):
...     print(x)
...
2
3
```

```
7
11
29
47
199
521
2207
3571
9349
3010349
54018521
370248451
6643838879
119218851371
5600748293801
688846502588399
32361122672259149
```

当掌握了这些后，你可以花一些时间去研究 `itertools` 模块。你越熟悉 Python 对迭代的现有支持，你自己的代码将变得越优雅、简洁。

7.8　小结

- 推导是描述列表、集和字典的简洁语法。

- 推导对可迭代的源对象进行操作并应用可选的判断过滤器和强制表达式，这两个通常都是根据当前的项目来确定的。

- 可以逐项迭代可迭代对象。

- 内置的 `iter()` 函数可以从一个可迭代的对象中检索迭代器。

- 每次将迭代器传递给内置的 `next()` 函数时都会从基础迭代序列中逐个生成项目。

- 集合迭代到末尾时，迭代器会抛出 `StopIteration` 异常。

7.8.1 生成器

- 可以通过生成器函数使用命令式的代码来描述序列。

- 生成器函数至少包含一次 `yield` 关键字的使用。

- 生成器是迭代器。当使用 `next()` 调用生成器时，生成器会开始或恢复执行直到包含另一个 `yield` 关键字。

- 每次调用生成器函数都会创建一个新的生成器对象。

- 生成器可以在迭代之间保持局部变量的显式状态。

- 生成器是惰性的，因此可以模拟无限的数据序列。

- 生成器表达式具有类似于列表推导的语法形式，我们可以使用它以更加声明式和简洁的方式来创建生成器对象。

7.8.2 迭代工具

Python 包含一系列用于处理迭代序列的工具，包括 `sum()`、`any()` 和 `zip()` 等内置函数以及 `itertools` 模块。

- 我们已经在本章中详细介绍了可迭代协议。

- 回想一下，在字典上迭代只会产出键！

- 我们经常使用术语生成器来指代生成器函数，有时候可能需要将生成器函数与生成器表达式区分开来，这将在后面介绍。

- 本书不会使用 `Fibonacci` 或 `Quicksort` 的实现来进行示范或练习。

第 8 章
使用类定义新类型

在 Python 中，若想使用内置的标量和集合类型，我们还有很长的路要走。对于许多问题，内置的类型以及 Python 标准库提供的内容是完全足够的。但有时候，它们并不能完全满足需求，此时就可以使用类来创建自定义类型。

正如我们所看到的，Python 中的所有对象都有一个类型，而当使用 type() 内置函数来查看对象的类型时，输出的结果会显示对象的类型：

```
>>> type(5)
<class 'int'>
>>> type("python")
<class 'str'>
>>> type([1, 2, 3])
<class 'list'>
>>> type(x*x for x in [2, 4, 6])
<class 'generator'>
```

类用于定义一个或多个对象的结构和行为，每个对象被称为类的一个实例（instance）。总体来说，Python 中的对象从创建或实例化直到被销毁，这段时间内对象都有固定的类型。将一个类看作一种用于构建新对象的模板或模式，这样想有助于理解类。对象的类可控制对象的初始化，并定义该对象具有哪些属性（attribute）和方法（method）。例如字符串对象，我们可以在该对象上使用定义在 str 类中的 split() 方法。

在 Python 中，类是面向对象编程（Object-Oriented Programming，OOP）的一个重要机制，虽然 OOP 有助于使复杂问题更易于处理，但它常常使得解决简单问题有些复杂。

Python 有一个很棒的优点，它高度支持面向对象，但是 Python 也不强制用户使用类，除非你真的需要它们。这使得 Python 与 Java 和 C# 完全不同。

8.1 定义类

类定义由 class 关键字引入，后跟类名。按照惯例，Python 中的新类名称使用驼峰命名法（camel case），有时称为 Pascal 命名法（Pascal case）——每个单词都以大写字母开头，而不是以下划线开头。在 REPL 中定义类有些尴尬，因此我们将使用 Python 模块文件来保存本章中使用的类定义。

本章从最简单的类开始，然后逐步增加难度。在下面的例子中，我们将模拟两个机场之间的飞机航班，这些代码放在 airtravel.py 中：

```
"""模拟飞机航班。"""


class Flight:
    pass
```

类声明引入了一个新的代码块，所以下一行要缩进。不能使用空代码块，为了保证语法的正确性，最简单的类可能至少需要包含一个空操作的 pass 语句。

就像使用 def 定义函数一样，我们可以在程序中的任何地方使用 class 声明，它将一个类定义绑定到一个类名上。当执行 airtravel 模块中的顶层代码时，程序就会定义类。

现在可以将这个新类导入到 REPL 中：

```
>>> from airtravel import Flight
```

上面导入的是类对象。在 Python 中，一切皆对象，类也不例外。

```
>>> Flight
<class 'airtravel.Flight'>
```

要使用这个类来创建一个新的对象，那么必须要调用它的构造函数，这是通过调用类来完成的，就像调用函数一样。构造函数会返回一个新的对象，在这里我们将其赋值给 f：

```
>>> f = Flight()
```

如果使用 type() 函数来获取 f 的类型，会得到 airtravel.Flight：

```
>>> type(f)
<class 'airtravel.Flight'>
```

f 的字面量类型就是这个类。

8.2　实例方法

让我们再丰富一下这个类：添加一个返回航班号的实例方法。该方法是在类代码块中定义的函数，并且实例方法是可以在类的实例对象（例如 f）上调用的函数。实例方法必须接收这个方法调用实例的引用作为第一个形参，按照惯例，我们总是将这个参数称为 self。

现在还没有配置航班号的方法，所以只是返回一个字符串常量：

```
class Flight:
    def number(self):
        return "SN060"
```

刷新 REPL：

```
>>> from airtravel import Flight
>>> f = Flight()
>>> f.number()
SN060
```

请注意，当调用方法时，我们不会在参数列表中将实例 f 作为实际参数 self 传入。这是因为标准的方法调用形式是点符号：

```
>>> f.number()
SN060
```

以上是上面调用形式的简单语法糖：

```
>>> Flight.number(f)
SN060
```

如果使用后者，你会发现它可以按预期工作，然而在现实开发中几乎永远不会看到这种形式。

8.3 实例初始化方法

8.2 节介绍的类不是很有用，因为它只能代表一个特定的航班。我们需要在创建航班时设置航班号。要做到这一点，需要编写一个初始化方法。

如果有了初始化方法，当我们调用构造函数时，创建新对象的过程中就要调用该初始化方法。初始化方法必须命名为__init__()，由用于 Python 运行机制的双下划线包裹。像所有其他实例方法一样，__init__() 的第一个参数必须是 self。

在这种情况下，我们将第二个形式参数传递给__init__()，也就是航班号：

```
class Flight:

    def __init__(self, number):
        self._number = number

    def number(self):
        return self._number
```

初始化方法不应该返回任何东西——它只是修改自引用的对象。

如果你有 Java、C#或 C++的开发经验，那么你可能很容易认为__init__()就是构造函数。这样说不太准确，在 Python 中，__init__() 的作用是在调用__init__()的时候配置（configure）一个已经存在的对象。self 参数与 Java、C#或 C++中的 this 类似。在 Python 中，实际构造函数是由 Python 运行时系统提供的，它所做的一件事是检查实例初始化方法是否存在，并在存在时调用它。

在初始化方法中，我们将为属性（attribute）赋值，这是一个新创建的名为_number的实例。当为一个不存在的对象属性进行赋值时，Python 就会创建一个对象。

正如我们在创建变量之前不需要声明它们一样，在创建对象属性之前我们也不需要声明。我们选择具有下划线前缀的_number 有两个原因。首先，它避免了与同名方法的命名冲突。方法是函数，函数是对象，这些函数绑定到对象的属性，而已经有了一个名为 number 的属性，我们不想覆盖它。其次，还有一个被广泛遵循的约定，如果不想让客户端操作对象的实现细节，那该对象应该以下划线作为前缀。

修改 number() 方法来访问 _number 属性并返回它。

传递给航班构造函数的任何实参都将被转发给初始化方法，所以要创建并配置 Flight 对象，现在可以这样做：

```
>>> from airtravel import Flight
>>> f = Flight("SN060")
>>> f.number()
SN060
```

也可以直接访问它的实现细节：

```
>>> f._number
SN060
```

然而，在生产级的代码中，我们并不推荐这样做，这会使得调试和早期测试难以进行。

没有访问修饰符

如果你使用过 Java 或 C# 等有一定约束和规范的语言，这些语言带有公有（public）、私有（private）和受保护（protected）的访问修饰符，那么 Python 的"一切皆公有"的方式看起来有点过于开放。

Pythonistas 中流行的文化是"我们都是成年人"。实际上，即使在曾经使用过的庞大而复杂的 Python 系统中，前置下划线的约定也被证明是足以保护变量的。人们知道不能直接使用这些属性，事实上，他们也倾向于不使用这些属性。像许多研究说的那样，缺乏访问修饰符在理论上比实践中有更大的问题。

8.4　校验与不变式

在对象的初始化方法中建立所谓的类不变式（class invariant）是一个很好的习惯。不变式是关于类对象的正确性，应该在对象的整个生命周期中保持。对于航班来说，不变式就是，航班号总是以大写的双字母航空公司代码开始，后面跟着 3~4 位数的航线号。

在 Python 中，我们在＿＿init＿＿()方法中建立类不变式，如果它无法通过校验，则会抛出异常：

```python
class Flight:

    def __init__(self, number):
        if not number[:2].isalpha():
            raise ValueError("No airline code in '{}'".format(number))
        if not number[:2].isupper():
            raise ValueError("Invalid airline code'{}'".format(number))
        if not (number[2:].isdigit() and int(number[2:]) <= 9999):
            raise ValueError("Invalid route number'{}'".format(number))
        self._number = number

    def number(self):
        return self._number
```

可以使用字符串切片和字符串类的各种方法来执行校验。本书也第一次出现了逻辑非操作符 not。

在开发过程中，在 REPL 中进行随机测试是非常有效的技术：

```
>>> from airtravel import Flight
>>> f = Flight("SN060")
>>> f = Flight("060")
Traceback (most recent call last):
  File "<stdin>", line 1, in <module>
  File "./airtravel.py", line 8, in __init__
    raise ValueError("No airline code in '{};".format(number))
    ValueError: No airline code in '060'
>>> f = Flight("sn060")
Traceback (most recent call last):
  File "<stdin>", line 1, in <module>
  File "./airtravel.py", line 11, in __init__
    raise ValueError("Invalid airline code '{}'".format(number))
    ValueError: Invalid airline code 'sn060'
>>> f = Flight("snabcd")
Traceback (most recent call last):
  File "<stdin>", line 1, in <module>
  File "./airtravel.py", line 11, in __init__
    raise ValueError("Invalid airline code '{}'".format(number))
    ValueError: Invalid airline code 'snabcd'
```

```
>>> f = Flight("SN12345")
  Traceback (most recent call last):
    File "<stdin>", line 1, in <module>
    File "./airtravel.py", line 11, in __init__
    raise ValueError("Invalid airline code '{}'".format(number))
    ValueError: Invalid airline code 'sn12345'
```

现在确定有一个有效的航班号，我们将添加第二个方法来返回航空公司代码。一旦建立了类不变式，查询方法可以变得非常简单：

```
def airline(self):
    return self._number[:2]
```

8.5　增加第二个类

我们想要做的事情之一就是让航班接受座位预订。要做到这一点，就需要知道座位的布局，为此需要知道飞机的类型。现在来编写第二个类模拟不同种类的飞机：

```
class Aircraft:

    def __init__(self, registration, model, num_rows, num_seats_per_row):
        self._registration = registration
        self._model = model
        self._num_rows = num_rows
        self._num_seats_per_row = num_seats_per_row

    def registration(self):
        return self._registration

    def model(self):
        return self._model
```

初始化方法为飞机创建了 4 个属性：注册号、型号名称、座位行数和每行座位数。在生产级代码场景中，我们可以校验这些参数，以确保行数不是负数。

这非常简单，但是对于座次表，我们希望它能更符合预订系统。如图 8.1 所示，飞机的座位行数从 1 开始排列，每行内的座位都用字母表中的字母表示，省略了 I，避免与 1 混淆。

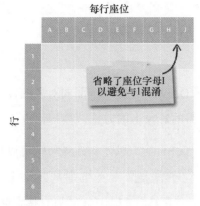

图 8.1 飞机座次表

我们将添加一个 seating_plan()方法，该方法返回一个表示可用的行和每行座位的二维元组，该元组包含一个范围对象和一个座位字母串：

```
def seating_plan(self):
    return (range(1, self._num_rows + 1),"ABCDEFGHJK" [:self._num_seats_per_row])
```

注意，你要确保你自己已经了解这个函数是如何工作的。调用 range()构造函数会产生一个区间对象，我们使用该区间对象作为可迭代的行号序列，直到出现飞机的座位行数。字符串和其切片方法会返回一个字符串，其中每个座位都用一个字符表示。这两个对象（区间和字符串）组成了一个元组。

试着使用座次表来构建一架飞机座位：

```
>>> from airtravel import *
>>> a = Aircraft("G-EUPT", "Airbus A319", num_rows=22, num_seats_ per_
row=6)
>>> a.registration()
'G-EUPT'
>>> a.model()
'Airbus A319'
>>> a.seating_plan()
(range(1, 23), 'ABCDEF')
```

看看如何使用关键字参数记录行和座位。回想一下，区间是半开放的，所以 23 是一个正确的区间结束值。

8.6　协同类

得墨忒耳定律（Law of Demeter）是一个面向对象的设计原则，该原则主要的意思是不应该调用从其他调用获得的对象上的方法。换句话说：只和你直接的朋友交谈。

现在我们来修改这个 Flight 类，以便构建该类时可以接收一个飞机对象，我们将按照得墨忒耳定律添加一个方法来报告飞机型号。这个方法将代表客户端委托给 Aircraft，而不是让客户端"直达" Flight 然后直接询问 Aircraft 对象：

```python
class Flight:
    """一个特定飞机的航班。"""

    def __init__(self, number, aircraft):
        if not number[:2].isalpha():
            raise ValueError("No airline code in '{}'".format(number))

        if not number[:2].isupper():
            raise ValueError("Invalid airline code'{}'".format(number))

        if not (number[2:].isdigit() and int(number[2:]) <= 9999):
            raise ValueError("Invalid route number'{}'".format(number))

        self._number = number
        self._aircraft = aircraft

    def number(self):
        return self._number

    def airline(self):
        return self._number[:2]

    def aircraft_model(self):
        return self._aircraft.model()
```

我们还为该类添加了一个 docstring。它与函数和模块中的 docstrings 类似，必须是该类语句体的第一个非注释行。

我们现在可以用一架特定的飞机来构建一个航班：

```
>>> from airtravel import *
>>> f = Flight("BA758", Aircraft("G-EUPT", "Airbus A319", num_rows=22,
num_seats_per_row=6))
...
>>> f.aircraft_model()
'Airbus A319'
```

请注意，我们构造了 Aircraft 对象，并直接将其传递给 Flight 构造函数，而不需要中间命名引用。

8.7 禅之刻

aircraft_model() 方法是一个很好的"复杂优于混乱"的例子：

```
def aircraft_model(self):
    return self._aircraft.model()
```

Flight 类更为复杂——它包含额外的代码来深入挖掘飞机的引用以便找到飞机的型号。然而，Flight 的所有客户端现在都可以降低复杂度：它们都不需要知道 Aircraft 类，大大简化了系统。

8.8 定座位

现在我们来继续实现一个简单的预订系统。对于每个航班，只需要跟踪每个座位上是谁即可。本节将使用词典列表来表示座位分配。该列表将包含每个座位行的一个条目，并且每个条目是从座位字母到乘客姓名的字典映射。如果座位未占用，则相应的字典值包含 None。

我们将使用以下代码片段在 Flight.__init__()中初始化座次表：

```
rows, seats = self._aircraft.seating_plan()
self._seating = [None] + [{letter: None for letter in seats} for _ in rows]
```

在第一行中，我们检索飞机的座次表，并使用元组拆包将行和座位标识符分别放入局部变量 rows 和 seats 中。在第二行中，我们创建了一个座位分配列表。我们没有不断地处理这种情况，即行索引是基于 1 的且 Python 列表使用从零开始的索引，而是选择在列表的开始处弃用一个条目。第一个被弃用的条目是包含 None 的单个元素的列表。对于这个单一元素列表，我们将它和另一个包含飞机中每个实际行的条目的列表进行连接。这个列表是由遍历行对象的列表推导构成的，它是从前一行的_aircraft 检索到的行号的区间，如图 8.2 所示。

座次表数据结构

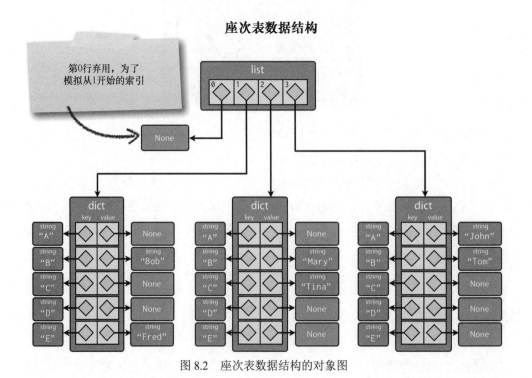

图 8.2　座次表数据结构的对象图

实际上我们并不关心行号，因为我们知道它将与最终列表中的列表索引相匹配，所以我们通过使用虚拟的划线变量来忽略它。

列表推导的项目表达式部分本身就是推导，具体地说是字典推导！它将遍历每行的字母，并创建从单个字符的字符串到 None 的映射以表示一个空座位。

使用列表推导而不是乘法运算符来进行列表复制，是因为我们希望为每一行创建一个不同的字典对象。记住，重复是浅复制。

下面是我们把列表推导放入初始化方法后的代码：

```
def __init__(self, number, aircraft):
    if not number[:2].isalpha():
        raise ValueError("No airline code in '{}'".format(number))

    if not number[:2].isupper():
        raise ValueError("Invalid airline code '{}'".format(number))

    if not (number[2:].isdigit() and int(number[2:]) <= 9999):
        raise ValueError("Invalid route number '{}'".format(number))

    self._number = number
    self._aircraft = aircraft

    rows, seats = self._aircraft.seating_plan()
    self._seating = [None] + [{letter: None for letter in seats} for _ in
rows]
```

在继续学习之前，先在 REPL 中测试这段代码：

```
>>> from airtravel import *
>>> f = Flight("BA758", Aircraft("G-EUPT", "Airbus A319",
...                              num_rows=22, num_seats_per_row=6))
>>>
```

由于一切都是"公有的"，所以可以在开发过程中访问实现细节。很显然，在开发过程中我们故意违背了惯例，前置的下划线会提醒我们什么是公有、什么是私有：

```
>>> f._seating
[None, {'F': None, 'D': None, 'E': None, 'B': None, 'C': None,'A': None},
{'F': None, 'D': None, 'E': None, 'B': None, 'C': None, 'A': None}, {'F':
None,'D': None, 'E': None, 'B': None, 'C': None, 'A': None},
```

```
{'F': None, 'D': None,'E': None, 'B': None, 'C': None, 'A': None}, {'F':
None, 'D': None, 'E': None,'B': None, 'C': None, 'A': None},
{'F': None, 'D': None, 'E': None, 'B': None,'C': None, 'A': None}, {'F':
None, 'D': None, 'E': None, 'B': None, 'C': None,'A': None}, {'F': None,
'D': None, 'E': None, 'B': None, 'C': None, 'A': None},
{'F': None, 'D': None, 'E': None, 'B': None, 'C': None, 'A': None}, {'F':
None,'D': None, 'E': None, 'B': None, 'C': None, 'A': None}, {'F': None,
'D': None,'E': None, 'B': None, 'C': None, 'A': None}, {'F': None, 'D':
None, 'E': None,'B': None, 'C': None, 'A': None}, {'F': None, 'D': None,
'E': None, 'B': None,'C': None, 'A': None}, {'F': None, 'D': None, 'E':
None, 'B': None, 'C': None,'A': None}, {'F': None, 'D': None, 'E': None,
'B': None, 'C': None, 'A': None},
{'F': None, 'D': None, 'E': None, 'B': None, 'C': None, 'A': None}, {'F':
None,'D': None, 'E': None, 'B': None, 'C': None, 'A': None}, {'F': None,
'D': None,'E': None, 'B': None, 'C': None, 'A': None}, {'F': None, 'D':
None, 'E': None,'B': None, 'C': None, 'A': None}, {'F': None, 'D': None,
'E': None, 'B': None,'C': None, 'A': None}, {'F': None, 'D': None, 'E':
None, 'B': None, 'C': None,'A': None}, {'F': None, 'D': None, 'E': None,
'B': None, 'C': None, 'A': None}]
```

上述是准确的，但不是特别优雅。使用 pretty-print 再试一次：

```
>>> from pprint import pprint as pp
>>> pp(f._seating)
[None,
{'A': None, 'B': None, 'C': None, 'D': None, 'E': None, 'F': None},
{'A': None, 'B': None, 'C': None, 'D': None, 'E': None, 'F': None},
{'A': None, 'B': None, 'C': None, 'D': None, 'E': None, 'F': None},
{'A': None, 'B': None, 'C': None, 'D': None, 'E': None, 'F': None},
{'A': None, 'B': None, 'C': None, 'D': None, 'E': None, 'F': None},
{'A': None, 'B': None, 'C': None, 'D': None, 'E': None, 'F': None},
{'A': None, 'B': None, 'C': None, 'D': None, 'E': None, 'F': None},
{'A': None, 'B': None, 'C': None, 'D': None, 'E': None, 'F': None},
{'A': None, 'B': None, 'C': None, 'D': None, 'E': None, 'F': None},
{'A': None, 'B': None, 'C': None, 'D': None, 'E': None, 'F': None},
{'A': None, 'B': None, 'C': None, 'D': None, 'E': None, 'F': None},
{'A': None, 'B': None, 'C': None, 'D': None, 'E': None, 'F': None},
{'A': None, 'B': None, 'C': None, 'D': None, 'E': None, 'F': None},
{'A': None, 'B': None, 'C': None, 'D': None, 'E': None, 'F': None},
{'A': None, 'B': None, 'C': None, 'D': None, 'E': None, 'F': None},
{'A': None, 'B': None, 'C': None, 'D': None, 'E': None, 'F': None},
{'A': None, 'B': None, 'C': None, 'D': None, 'E': None, 'F': None},
```

```
{'A': None, 'B': None, 'C': None, 'D': None, 'E': None, 'F': None},
{'A': None, 'B': None, 'C': None, 'D': None, 'E': None, 'F': None},
{'A': None, 'B': None, 'C': None, 'D': None, 'E': None, 'F': None},
{'A': None, 'B': None, 'C': None, 'D': None, 'E': None, 'F': None}]
```

完美!

为乘客分配座位

现在,我们将给 Flight 添加为乘客分配座位的行为。简单起见,乘客将只是一个字符串名称:

```
class Flight:

    # ...

    def allocate_seat(seat, passenger):
        """为乘客分配一个座位。

        Args:
            seat: 一个座位标识符,如'12C' 或者'21F'.
            passenger: 乘客的名字。

        Raises:
            ValueError: 如果座位不可用。
        """
        rows, seat_letters = self._aircraft.seating_plan()

        letter = seat[-1]
        if letter not in seat_letters:
            raise ValueError("Invalid seat letter {}".format(letter))

        row_text = seat[:-1]
        try:
            row = int(row_text)
        except ValueError:
            raise ValueError("Invalid seat row {}".format(row_text))

        if row not in rows:
            raise ValueError("Invalid row number {}".format(row))

        if self._seating[row][letter] is not None:
```

```
                    raise ValueError("Seat {} already occupied".format(seat))

        self._seating[row][letter] = passenger
```

这个代码的绝大部分是对座位标识符的校验，它包含了一些有趣的片段，如下所示。

● 第 5 行：方法是函数，所以也应该有 docstrings。

● 第 17 行：通过使用负索引来获得座位字母，并将它转成座位字符串。

● 第 18 行：使用 in 成员资格测试运算符在 seat_letters 中测试该座位字母是否有效。

● 第 21 行：使用字符串切片来提取行号，以获取除最后一个字符以外的所有字符。

● 第 23 行：尝试使用 int() 构造函数将行号子字符串转换为整数。如果失败，程序捕获 ValueError，并从处理程序中抛出一个新的 ValueError，并带有一个适当的消息负载。

● 第 27 行：我们可以通过对作为区间的 rows 对象使用 in 运算符来验证行号。可以这样做，因为 range() 对象支持容器协议。

● 第 30 行：使用 None 进行身份验证来检查请求的座位是否空闲。如果它被占用，抛出一个 ValueError。

● 第 33 行：如果代码运行到这里，一切都好，那么，就可以分配座位了。

此代码还包含一个错误，我们很快就会发现它！

在 REPL 中测试这个座位分配器：

```
>>> from airtravel import *
>>> f = Flight("BA758", Aircraft("G-EUPT", "Airbus A319",
...             num_rows=22, num_seats_per_row=6))
>>> f.allocate_seat('12A', 'Guido van Rossum')
Traceback (most recent call last):
  File "<stdin>", line 1, in <module>
  TypeError: allocate_seat() takes 2 positional arguments but 3 were
given
```

在早期的面向对象的 Python 职业生涯中，你很可能会经常看到类似 TypeError 的

消息。出现这个问题是因为我们忘记在 allocate_seat()方法的定义中包含 self
参数：

```
def allocate_seat(self, seat, passenger):
    # ...
```

一旦解决该问题，我们可以重新试一下：

```
>>> from airtravel import *
>>> from pprint import pprint as pp
>>> f = Flight("BA758", Aircraft("G-EUPT", "Airbus A319",
...             num_rows=22, num_seats_per_row=6))
>>> f.allocate_seat('12A', 'Guido van Rossum')
>>> f.allocate_seat('12A', 'Rasmus Lerdorf')
Traceback (most recent call last):
  File "<stdin>", line 1, in <module>
  File "./airtravel.py", line 57, in allocate_seat
    raise ValueError("Seat {} already occupied".format(seat))
    ValueError: Seat 12A already occupied
>>> f.allocate_seat('15F', 'Bjarne Stroustrup')
>>> f.allocate_seat('15E', 'Anders Hejlsberg')
>>> f.allocate_seat('E27', 'Yukihiro Matsumoto')
Traceback (most recent call last):
  File "<stdin>", line 1, in <module>
  File "./airtravel.py", line 45, in allocate_seat
    raise ValueError("Invalid seat letter {}".format(letter))
    ValueError: Invalid seat letter 7
>>> f.allocate_seat('1C', 'John McCarthy')
>>> f.allocate_seat('1D', 'Richard Hickey')
>>> f.allocate_seat('DD', 'Larry Wall')
  Traceback (most recent call last):
    File "./airtravel.py", line 49, in allocate_seat
    row = int(row_text)
    ValueError: invalid literal for int() with base 10: 'D'
```

在处理以上异常的时候，又出现了另外一个异常：

```
Traceback (most recent call last):
  File "<stdin>", line 1, in <module>
  File "./airtravel.py", line 51, in allocate_seat
    raise ValueError("Invalid seat row {}".format(row_text))
    ValueError: Invalid seat row D
```

```
>>> pp(f._seating)
[None,
{'A': None,
'B': None,
'C': 'John McCarthy',
'D': 'Richard Hickey',
'E': None,
'F': None},
{'A': None, 'B': None, 'C': None, 'D': None, 'E': None, 'F': None},
{'A': None, 'B': None, 'C': None, 'D': None, 'E': None, 'F': None},
{'A': None, 'B': None, 'C': None, 'D': None, 'E': None, 'F': None},
{'A': None, 'B': None, 'C': None, 'D': None, 'E': None, 'F': None},
{'A': None, 'B': None, 'C': None, 'D': None, 'E': None, 'F': None},
{'A': None, 'B': None, 'C': None, 'D': None, 'E': None, 'F': None},
{'A': None, 'B': None, 'C': None, 'D': None, 'E': None, 'F': None},
{'A': None, 'B': None, 'C': None, 'D': None, 'E': None, 'F': None},
{'A': 'Guido van Rossum','B': None,'C': None,'D': None,'E': None,
'F': None},
{'A': None, 'B': None, 'C': None, 'D': None, 'E': None, 'F': None},
{'A': None, 'B': None, 'C': None, 'D': None, 'E': None, 'F': None},
{'A': None,'B': None,'C': None,'D': None,'E': 'Anders Hejlsberg',
'F': 'Bjarne Stroustrup'},
{'A': None, 'B': None, 'C': None, 'D': None, 'E': None, 'F': None},
{'A': None, 'B': None, 'C': None, 'D': None, 'E': None, 'F': None},
{'A': None, 'B': None, 'C': None, 'D': None, 'E': None, 'F': None},
{'A': None, 'B': None, 'C': None, 'D': None, 'E': None, 'F': None},
{'A': None, 'B': None, 'C': None, 'D': None, 'E': None, 'F': None},
{'A': None, 'B': None, 'C': None, 'D': None, 'E': None, 'F': None}]
```

那个荷兰人在第 12 排十分寂寞，所以我们想让他坐到第 15 排，靠着那些丹麦人。为此，我们需要一个 relocate_passenger() 方法。

8.9　以实现细节命名方法

首先，我们先进行一次小小的重构，并将座位标识符解析和校验逻辑提取到一个单独的方法 _parse_seat() 中。这里使用了一个前置的下划线，因为这个方法是一个实现细节：

```
class Flight:

    # ...

    def _parse_seat(self, seat):
        """将座位标识符解析为有效的行和字母。

        Args:
            seat: 一个座位标识符，如 12F。

        Returns:
            一个元组，包含一个整数和一个字符，分别代表行和座位。
        """
        row_numbers, seat_letters = self._aircraft.seating_plan()

        letter = seat[-1]
        if letter not in seat_letters:
            raise ValueError("Invalid seat letter {}".format(letter))

        row_text = seat[:-1]
        try:
            row = int(row_text)
        except ValueError:
            raise ValueError("Invalid seat row {}".format(row_text))

        if row not in row_numbers:
            raise ValueError("Invalid row number {}".format(row))

        return row, letter
```

新的 _parse_seat() 方法返回一个具有整数行号和座位字母字符串的元组。这使得 allocate_seat() 更简单：

```
def allocate_seat(self, seat, passenger):
    """为乘客分配一个座位。

    Args:
        seat:一个座位标识符，如'12C' 或者'21F'。
        passenger:乘客的名字。

    Raises:
        ValueError: 如果座位不可用。
    """
```

```
        row, letter = self._parse_seat(seat)

        if self._seating[row][letter] is not None:
            raise ValueError("Seat {} already occupied".format(seat))

        self._seating[row][letter] = passenger
```

请注意，对 `_parse_seat()` 的调用也需要使用 `self` 前缀进行显式限定。

8.9.1 实现 `relocate_passenger()`

现在，我们已经为实现 `relocate_passenger()` 方法奠定了基础：

```
class Flight:

    # ...

    def relocate_passenger(self, from_seat, to_seat):
        """将乘客重新安排到另一个座位。
        Args:
            from_seat: 乘客当前所在座位的座位标识符。
            to_seat: 新的座位标识符。
        """
        from_row, from_letter = self._parse_seat(from_seat)
        if self._seating[from_row][from_letter] is None:
            raise ValueError("No passenger to relocate in seat {}".for
mat(from_seat))

        to_row, to_letter = self._parse_seat(to_seat)
        if self._seating[to_row][to_letter] is not None:
            raise ValueError("Seat {} already occupied".format(to_seat))

        self._seating[to_row][to_letter]=self._seating[from_row][from_letter]
        self._seating[from_row][from_letter] = None
```

以上代码将解析并校验 `from_seat` 和 `to_seat` 参数，然后将乘客移至新位置。

每次都需要重新创建 `Flight` 对象，所以需要添加一个模块级别的函数，这比较方便：

```
def make_flight():
    f = Flight("BA758", Aircraft("G-EUPT", "Airbus A319", num_rows=22,
```

```
num_seats_per_row=6))
    f.allocate_seat('12A', 'Guido van Rossum')
    f.allocate_seat('15F', 'Bjarne Stroustrup')
    f.allocate_seat('15E', 'Anders Hejlsberg')
    f.allocate_seat('1C', 'John McCarthy')
    f.allocate_seat('1D', 'Richard Hickey')
    return f
```

在 Python 中，同一个模块混合了相关的函数和类是很正常的：

```
>>> from airtravel import make_flight
>>> f = make_flight()
>>> f
<airtravel.Flight object at 0x1007a6690>
```

当只导入了一个函数 make_flight 时，你可能会发现能使用 Flight 类。这是很正常的，这也是 Python 动态类型系统的一个强大的方面，它有利于代码之间的松耦合。

让我们继续，把 Guido 和欧洲人同伴一起安排在第 15 排：

```
>>> f.relocate_passenger('12A', '15D')
>>> from pprint import pprint as pp
>>> pp(f._seating)
[None,
{'A': None,'B': None, 'C': 'John McCarthy', 'D': 'Richard Hickey',
'E': None, 'F': None},
{'A': None, 'B': None, 'C': None, 'D': None, 'E': None, 'F': None},
{'A': None, 'B': None, 'C': None, 'D': None, 'E': None, 'F': None},
{'A': None, 'B': None, 'C': None, 'D': None, 'E': None, 'F': None},
{'A': None, 'B': None, 'C': None, 'D': None, 'E': None, 'F': None},
{'A': None, 'B': None, 'C': None, 'D': None, 'E': None, 'F': None},
{'A': None, 'B': None, 'C': None, 'D': None, 'E': None, 'F': None},
{'A': None, 'B': None, 'C': None, 'D': None, 'E': None, 'F': None},
{'A': None, 'B': None, 'C': None, 'D': None, 'E': None, 'F': None},
{'A': None, 'B': None, 'C': None, 'D': None, 'E': None, 'F': None},
{'A': None, 'B': None, 'C': None, 'D': None, 'E': None, 'F': None},
{'A': None, 'B': None, 'C': None, 'D': None, 'E': None, 'F': None},
{'A': None, 'B': None, 'C': None, 'D': None, 'E': None, 'F': None},
{'A': None,'B': None,'C': None,'D': 'Guido van Rossum',
'E': 'Anders Hejlsberg','F': 'Bjarne Stroustrup'},
{'A': None, 'B': None, 'C': None, 'D': None, 'E': None, 'F': None},
```

```
{'A': None, 'B': None, 'C': None, 'D': None, 'E': None, 'F': None},
{'A': None, 'B': None, 'C': None, 'D': None, 'E': None, 'F': None},
{'A': None, 'B': None, 'C': None, 'D': None, 'E': None, 'F': None},
{'A': None, 'B': None, 'C': None, 'D': None, 'E': None, 'F': None},
{'A': None, 'B': None, 'C': None, 'D': None, 'E': None, 'F': None},
{'A': None, 'B': None, 'C': None, 'D': None, 'E': None, 'F': None}]
```

8.9.2　计数可用座位

在预订时，知道有多少座位可用是非常重要的。为此我们将编写一个
num_available_seats()方法。该方法使用两个嵌套的生成器表达式。外部表达式
会过滤所有 None 行来排除虚拟的第一行。外部表达式中每个项目的值是每行中
"None"值个数的总和。内部表达式用于迭代字典的值，并且每找到一个 None 就将对
应的值加 1：

```
def num_available_seats(self):
    return sum( sum(1 for s in row.values() if s is None)
        for row in self._seating
            if row is not None )
```

请注意，我们如何将外部表达式分成 3 行以提高可读性：

```
>>> from airtravel import make_flight
>>> f = make_flight()
>>> f.num_available_seats()
127
```

快速检查显示新计算是正确的：

```
>>> 6 * 22 - 5
127
```

8.10　有时你可能只需要函数对象

现在我们将展示如何在不使用类的情况下编写优雅的面向对象的代码。有这样一个
需求：按字母顺序为乘客提供登机牌。然而，我们认识到，在 Flight 中实现登机牌的
细节似乎不太好。我们可以继续创建一个 BoardingCardPrinter 类，虽然这可能有

点过度设计了。请记住，函数也是对象，对于很多情况来说，函数是完全足够的。如果没有足够的理由，不要强迫自己使用类。

我们将采用面向对象的设计原则"告诉，不要去询问"，不是让卡片打印机查询航班上所有乘客的详细信息，而是让 Flight 告诉卡片输出函数（比较简单）该怎么做。

首先是卡片打印机，这只是一个模块级别的函数：

```
def console_card_printer(passenger, seat, flight_number, aircraft):
    output = "| Name: {0}" \
             " Flight: {1}" \
             " Seat: {2}" \
             " Aircraft: {3}" \
             " |".format(passenger, flight_number, seat, aircraft)
    banner = '+' + '-' * (len(output) - 2) + '+'
    border = '|' + ' ' * (len(output) - 2) + '|'
    lines = [banner, border, output, border, banner]
    card = '\n'.join(lines)
    print(card)
    print()
```

在这里，我们介绍 Python 的一个特性，就是使用行连续的反斜杠字符\可以把一条长语句分成几行。这里将它和相邻字符串的隐式字符串连接，用以产生一个没有换行符的长字符串。

测量这个输出行的长度，在它周围加上一些横线和边框，并使用在新行分隔符上调用的 join() 方法将这些行连接在一起。然后输出整个卡片的内容，最后是一个空白行。卡片打印机不知道任何关于 Flight 和 Aircraft 的信息——它是松耦合的。很容易想象一个具有相同接口的 HTML 卡片打印机。

为 Flight 创建乘机证

给 Flight 类添加一个新的方法 make_boarding_cards()，它接收 card_printer：

```
class Flight:

    # ...
```

```
def make_boarding_cards(self, card_printer):
    for passenger, seat in sorted(self._passenger_seats()):
        card_printer(passenger, seat, self.number(),
        self.aircraft_model())
```

以上代码告诉 card_printer 输出每个乘客的信息，并对从_passenger_
seats()实现细节方法（注意前置下划线）中获得的乘客座位元组列表进行排序。这种
方法实际上是一个生成器函数，该函数搜索所有乘客的座位，并输出找到的乘客名字和
座位号码：

```
def _passenger_seats(self):
    """一个可迭代的乘客座位分配序列。"""
    row_numbers, seat_letters = self._aircraft.seating_plan()
    for row in row_numbers:
        for letter in seat_letters:
            passenger = self._seating[row][letter]
            if passenger is not None:
                yield (passenger, "{}{}".format(row, letter))
```

现在，如果在 REPL 中运行该程序，就可以看到新的登机牌打印系统起作用了：

```
>>> from airtravel import console_card_printer, make_flight
>>> f = make_flight()
>>> f.make_boarding_cards(console_card_printer)
+-------------------------------------------------------------+
|                                                             |
| Name: Anders Hejlsberg Flight: BA758 Seat: 15E Aircraft: Airbus A319 |
|                                                             |
+-------------------------------------------------------------+


+-------------------------------------------------------------+
|                                                             |
| Name: Bjarne Stroustrup Flight: BA758 Seat: 15F Aircraft: Airbus A319 |
|                                                             |
+-------------------------------------------------------------+


+-------------------------------------------------------------+
|                                                             |
| Name: Guido van Rossum Flight: BA758 Seat: 12A Aircraft: Airbus A319 |
|                                                             |
+-------------------------------------------------------------+
```

```
+----------------------------------------------------------------+
|                                                                |
| Name: John McCarthy Flight: BA758 Seat: 1C Aircraft: Airbus A319 |
|                                                                |
+----------------------------------------------------------------+


+----------------------------------------------------------------+
|                                                                |
| Name: Richard Hickey Flight: BA758 Seat: 1D Aircraft: Airbus A319 |
|                                                                |
+----------------------------------------------------------------+
```

8.11　多态与鸭子类型

多态性（polymorphism）是一种编程语言特性，它允许我们通过统一的接口使用不同类型的对象。多态的概念适用于函数和更复杂的对象。我们刚刚了解了一个卡片打印示例中的多态的例子。`make_boarding_card()`方法不需要知道一个实际的或者"具体的"卡片打印类型，只需要知道它的接口的抽象细节即可。这个接口基本上就是它的参数的顺序。用假定的 `html_card_printer` 代替 `console_ card_printer` 可以实现多态。

Python 中的多态性是通过鸭子类型（duck typing）实现的。鸭子类型也称作"鸭子测试"，这归因于美国诗人詹姆斯·惠特孔·莱里，如图 8.3 所示。

当看到一只鸟走起来像鸭子、游泳起来像鸭子、叫起来也像鸭子，那么这只鸟就可以被称为鸭子。

鸭子类型是 Python 对象系统的基石，在这种情况下，一个对象对特定用途的适应性只能在运行时确定。它与静态类型语言不同，静态类型语言的编译器会确定对象是否可用。特别是，鸭子类型意味着对象的适用性不是基于继承层次结构、基类或对象在使用时具有的属性之外的任何东西。

图 8.3　詹姆斯·惠特孔·莱里

这与 Java 等语言形成了鲜明的对比，Java 等语言依赖于名义上的子类型化（sub-typing），主要通过从基类和接口继承来实现。我们稍后将在 Python 的上下文中进一步讨论继承。

重构 `Aircraft`

让我们重新回到 Aircraft 类：

```
class Aircraft:

    def __init__(self, registration, model, num_rows, num_seats_per_row):
        self._registration = registration
        self._model = model
        self._num_rows = num_rows
        self._num_seats_per_row = num_seats_per_row

    def registration(self):
        return self._registration

    def model(self):
        return self._model

    def seating_plan(self):
        return (range(1, self._num_rows + 1),"ABCDEFGHJK" [:self._num_seats_per_row])
```

这个类的设计有点不妥，使用它进行实例化的对象由与飞机型号匹配的座位配置决定。为了方便练习，可以假定每个飞机型号的座位安排是固定的。

更好、更简单的做法也许是：完全摆脱 Aircraft 类，并为已固定座位的每种特定型号的飞机创建不同的类。以下是空客 A319 座位的代码：

```
class AirbusA319:

    def __init__(self, registration):
        self._registration = registration

    def registration(self):
        return self._registration
```

```
    def model(self):
        return "Airbus A319"

    def seating_plan(self):
        return range(1, 23), "ABCDEF"
```

以下是波音 777 座位的代码：

```
class Boeing777:

    def __init__(self, registration):
        self._registration = registration

    def registration(self):
        return self._registration

    def model(self):
        return "Boeing 777"

    def seating_plan(self):
        # 简单起见，忽略了复杂的座位安排
        return range(1, 56), "ABCDEGHJK"
```

除了具有相同接口（除了初始化方法之外，现在这个方法的参数也比较少）之外，这两个飞机类没有明确的关系，与原来的 Aircraft 类也没有明确的关系。因此，我们可以使用这些新的类型来代替彼此。

把 make_flight() 方法改成 make_flights()，就可以这样使用它们：

```
def make_flights():
    f = Flight("BA758", AirbusA319("G-EUPT"))
    f.allocate_seat('12A', 'Guido van Rossum')
    f.allocate_seat('15F', 'Bjarne Stroustrup')
    f.allocate_seat('15E', 'Anders Hejlsberg')
    f.allocate_seat('1C', 'John McCarthy')
    f.allocate_seat('1D', 'Richard Hickey')

    g = Flight("AF72", Boeing777("F-GSPS"))
    g.allocate_seat('55K', 'Larry Wall')
    g.allocate_seat('33G', 'Yukihiro Matsumoto')
    g.allocate_seat('4B', 'Brian Kernighan')
    g.allocate_seat('4A', 'Dennis Ritchie')
```

```
            return f, g
```

在 Flight 中我们可以很好地使用这两个不同类型的飞机，因为它们都是"鸭子类型"：

```
>>> from airtravel import *
>>> f, g = make_flights()
>>> f.aircraft_model()
'Airbus A319'
>>> g.aircraft_model()
'Boeing 777'
>>> f.num_available_seats()
127
>>> g.num_available_seats()
491
>>> g.relocate_passenger('55K', '13G')
>>> g.make_boarding_cards(console_card_printer)
+----------------------------------------------------------------+
|                                                                |
| Name: Brian Kernighan Flight: AF72 Seat: 4B Aircraft: Boeing 777 |
|                                                                |
+----------------------------------------------------------------+

+----------------------------------------------------------------+
|                                                                |
| Name: Dennis Ritchie Flight: AF72 Seat: 4A Aircraft: Boeing 777  |
|                                                                |
+----------------------------------------------------------------+

+----------------------------------------------------------------+
|                                                                |
| Name: Larry Wall Flight: AF72 Seat: 13G Aircraft: Boeing 777   |
|                                                                |
+----------------------------------------------------------------+

+------------------------------------------------------------------+
|                                                                  |
| Name: Yukihiro Matsumoto Flight: AF72 Seat: 33G Aircraft: Boeing 777 |
|                                                                  |
+------------------------------------------------------------------+
```

在 Python 中，鸭子类型和多态性非常重要。实际上，它们是我们讨论的集合协议如迭代器、可迭代和序列的基础。

8.12 继承与实现共享

继承是一种机制，一个类可以从一个基类中派生，这使得我们可以在子类中细化行为。在诸如 Java 之类的名义类型语言中，基于类的继承是实现运行时多态性的手段。正如刚刚演示的那样，Python 并非如此。事实上，没有任何 Python 的方法调用或属性查找可以绑定到实际的对象，直到它们被调用（被称为后期绑定），这意味着可以使用任何对象来尝试多态性，如果对象适合，后期绑定就会成功。

Python 中的继承有助于多态性，毕竟，派生类与基类具有相同的接口。在 Python 中，继承对于在类之间共享实现是非常有用的。

8.12.1 一个飞机基类

像往常一样，通过一个例子来说明会更清晰一些。我们希望飞机类 AirbusA319 和 Boeing777 可以提供一个返回总座位数的方法。

现在为这两个类添加一个名为 num_seats() 的方法来执行此操作：

```
def num_seats(self):
    rows, row_seats = self.seating_plan()
    return len(rows) * len(row_seats)
```

该实现在两个类中是相同的，因为它可以从座次表中计算出来。

不幸的是，现在在两个类中有重复的代码，并且随着添加更多的飞机类型，代码重复会持续恶化。

解决方案是将 AirbusA319 和 Boeing777 的通用元素提取到一个基类中，所有的飞机类型都会继承该类。重新创建 Aircraft 类，这次把它用作基类：

```
class Aircraft:

    def num_seats(self):
        rows, row_seats = self.seating_plan()
        return len(rows) * len(row_seats)
```

Aircraft 类只包含想要继承到派生类中的方法。这个类是不可用的，因为它依赖于一个名为 seating_plan() 的方法，这个方法在这个级别中是不可用的。单独使用它也会失败：

```
>>> from airtravel import *
>>> base = Aircraft()
>>> base.num_seats()
Traceback (most recent call last):
  File "<stdin>", line 1, in <module>
  File "./airtravel.py", line 125, in num_seats
  rows, row_seats = self.seating_plan()
AttributeError: 'Aircraft' object has no attribute 'seating_plan'
```

这个类是抽象的，因为它不会单独实例化。

8.12.2 继承 Aircraft

现在开始编写派生类。在 Python 中，我们这样指定继承：在类语句中的类名之后使用由括号包裹的基类名。

以下是 Airbus 类：

```
class AirbusA319(Aircraft):

    def __init__(self, registration):
        self._registration = registration

    def registration(self):
        return self._registration

    def model(self):
        return "Airbus A319"

    def seating_plan(self):
        return range(1, 23), "ABCDEF"
```

以下是 Boeing 类：

```
class Boeing777(Aircraft):

    def __init__(self, registration):
        self._registration = registration
```

```
    def registration(self):
        return self._registration

    def model(self):
        return "Boeing 777"

    def seating_plan(self):
        # 简单起见, 我们忽略复杂的座位安排
        return range(1, 56), "ABCDEGHJK"
```

在 REPL 中执行它们:

```
>>> from airtravel import *
>>> a = AirbusA319("G-EZBT")
>>> a.num_seats()
132
>>> b = Boeing777("N717AN")
>>> b.num_seats()
495
```

可以看到, 这两种子类型的飞机都继承了 num_seats() 方法, 该方法现在可以按照预期工作, 因为在运行时, 它可以成功解析 self_object() 的调用。

8.12.3 将公共功能提升到基类中

现在, 有了基础的 Aircraft 类, 我们可以通过将其他常用功能提升到该类中进行重构。例如, 两个子类型的初始化方法和 registration() 方法是相同的:

```
class Aircraft:

    def __init__(self, registration):
        self._registration = registration

    def registration(self):
        return self._registration

    def num_seats(self):
        rows, row_seats = self.seating_plan()
        return len(rows) * len(row_seats)
```

```
class AirbusA319(Aircraft):

    def model(self):
        return "Airbus A319"

    def seating_plan(self):
        return range(1, 23), "ABCDEF"


class Boeing777(Aircraft):

    def model(self):
        return "Boeing 777"

    def seating_plan(self):
        # 简单起见，我们忽略了复杂的座位安排
        return range(1, 56), "ABCDEGHJK"
```

这些派生类只包含该机型的具体信息。所有通用功能都是通过继承从基类共享的。

由于鸭子类型，所以在 Python 中继承的使用要比在其他语言中少。这通常被认为是一件好事，因为继承会导致类之间的紧耦合。

8.13　小结

- Python 中的所有类型都有一个类。

- 类定义了对象的结构和行为。

- 对象的类是在创建对象时确定的，并且在对象的生命周期中几乎总是固定的。

- 类是 Python 中面向对象编程的关键支持。

- 类使用 class 关键字进行定义，后跟使用驼峰命名法命名的类名。

- 类的实例是通过调用类来创建的，就像它是一个函数一样。

- 实例方法是在类中定义的函数，它应该接收一个名为 self 的对象实例作为第一个参数。

- 使用 instance.method() 语法来调用方法，该语法是将实例作为 self 形参传递给方法的语法糖。

- 可以提供一个名为 __init__() 的可选的特殊初始化方法，用于在创建时配置自己的对象。

- 如果存在 __init__() 方法，构造函数会调用它。

- __init__() 方法不是构造函数。在调用初始化方法时，该对象已经被构建。初始化方法在它返回到构造函数的调用者之前配置新创建的对象。

- 传递给构造函数的参数会被转发给初始化方法。

- 实例属性只会在对其进行赋值时生成。

- 实现细节的属性和方法按照约定以一个下划线作为前缀。Python 中没有公有、受保护的或私有访问修饰符。

- 在开发、测试和调试过程中，从类外部访问实现细节可能非常有用。

- 应该在类初始化方法中建立类不变式。如果无法建立不变式就抛出异常作为失败信号。

- 方法可以具有 docstrings，就像常规函数一样。

- 类可以有 docstrings。

- 即使在一个对象中，方法调用也必须通过 self 限定。

- 你可以根据需要在模块中包含尽可能多的类和函数。相关类和全局函数通常以这种方式组合在一起。

- Python 中的多态性是通过鸭式类型来实现的，其中属性和方法只在使用时才被解析，这种行为称为后期绑定（late-binding）。

- Python 中的多态性不需要共享基类或命名接口。

- Python 中的类继承主要用于共享实现，它不是多态的必要条件。

- 所有的方法都是继承的，包括特殊的方法，如初始化方法。

- 字符串支持切片，因为它们实现了序列协议。

- 遵循得墨忒耳定律可以减少耦合。

- 我们可以使用嵌套推导。

- 有时使用虚拟引用（通常是下划线）忽略推导中的当前项目是有很用的。

- 在处理从 1 开始的集合的时候，舍弃第 0 个条目通常更容易。

- 当一个简单的函数就足够了的时候，不要强迫自己使用类。函数也是对象。

- 复杂的推导或生成器表达式可以分成多行，这样可提高可读性。

- 可以使用行连续字符反斜线将语句分成多行。只有在需要提高可读性时，才能使用此特性。

- 在面向对象设计中，对象将信息告诉另一个对象要比一个对象去查询另一个对象具有更好的松耦合。"告诉，不要去询问"。

- 实际上，我们可以在运行时更改对象的类别，然而这是一个高级主题，而且这种技术很少使用。

- 在 Python 中，思考销毁对象通常是无益的。更好的方法是考虑对象不可达。

- 函数的形式参数是函数定义（definition）中列出的参数。

- 函数的实际参数是函数调用（call）中列出的参数。

第 9 章
文件和资源管理

在许多真实世界的程序中，读写文件可能是关键部分。然而，文件的概念有些抽象。在某些情况下，文件可能意味着硬盘上的字节集合；在某些情况下，它可能意味着远程系统上的 HTTP 资源。这两种情况有一些行为是相同的。例如，你可以从它们中读取一个字节序列。同时，这两种情况并不完全相同。例如，通常可以将字节写回到本地文件，而在使用 HTTP 资源时，你却无法执行该操作。

在本章中，我们将学习 Python 对文件的基本支持。处理本地文件比较普遍也比较重要，因此我们将主要关注处理本地文件。但请注意，Python 及其生态系统库为许多其他类型的实体（包括基于 URI 的资源、数据库和许多其他数据源）提供了类似的类文件的 API。这种通用 API 的使用很方便，用它们可以很容易地编写出适用于广泛的数据源的代码而无须任何修改。

在本章中，我们将学习上下文管理器（context manager），它是 Python 管理资源的主要手段之一。面对异常时，使用上下文管理器可以编写出健壮且可预测的代码，确保在发生错误时能够正确地关闭文件等资源。

9.1 文件

要在 Python 中打开一个本地文件，我们可以使用内置的 open() 函数。该函数需要一些参数，最常用的是以下几个。

- file：文件的路径。这是必需的。

- mode：读取、写入、追加二进制或文本。这是可选的，但我们建议始终应明确指出。显式比隐式更好。

- encoding：文件包含哪种编码文本数据，就使用哪种编码。最好指定编码。如果不指定它，Python 会选择一个默认编码。

9.1.1　二进制和文件模式

当然，在文件系统级别上，文件只包含一系列字节。但是，Python 会区分以二进制和文本模式打开的文件，即使底层操作系统不区分。当用二进制模式打开一个文件时，你指示 Python 使用文件中的数据而不需要任何解码。二进制模式文件反映文件中的原始数据。

另一方面，以文本模式打开的文件的内容被视为包含 str 类型的文本字符串。从文本模式文件获取数据时，Python 首先使用平台相关的编码或者 open() 的 encoding 参数（如果提供了）来解码原始字节。

默认情况下，文本模式文件也支持 Python 的通用换行符。这会导致程序中的单个可移植换行符字符串（'\n'）与存储在文件系统中的原始字节中的平台相关的换行符之间的转换（例如，在 Windows 系统上的回车换行符（'\r\n'））。

9.1.2　编码的重要性

获取正确的编码对于正确地解析文本文件的内容是至关重要的，所以我们想重点强调一下。Python 不能可靠地确定文本文件的编码，所以它也不会去尝试。在不知道文件编码的情况下，Python 无法正确处理文件中的数据。所以，告诉 Python 使用哪种编码至关重要。

如果不指定编码，Python 将使用 sys.getdefaultencoding() 中的默认值。在我们的例子中，默认的编码是 'utf-8'：

```
>>> import sys
>>> sys.getdefaultencoding()
```

'utf-8'

不过请记住，无法保证系统上的默认编码与你希望交换文件的另一个系统上的默认编码相同。在 open()调用中应明确指定文本到字节的编码，这对所有人都有好处。你可以在 Python 文档中获得受支持的文本编码列表。

9.1.3　以写入模式打开文件

现在开始处理文件，在写入模式下打开文件。我们将明确使用 UTF-8 编码，因为无法知道默认编码是什么。

还使用关键字参数来使事情更清晰：

```
>>> f = open('wasteland.txt', mode='wt', encoding='utf-8')
```

第一个参数是文件名。mode 参数是一个包含不同含义字母的字符串。在这种情况下，w 表示写入，t 表示文本。

所有模式字符串应该包含读取、写入或追加模式之一。下面将以"代码：含义"的格式列出模式代码及其含义。

● **r**：打开文件进行写入。流位于文件的开头。这是默认的。

● **r+**：打开文件进行读取和写入。流位于文件的开头。

● **w**：将文件截断为零长度，或者创建文件进行写入。流位于文件的开头。

● **w+**：打开文件进行读取和写入。如果该文件不存在，则会创建该文件，否则会截断文件。流位于文件的开头。

● **a**：打开文件进行写入。如果该文件不存在，则会创建该文件。该流位于文件的末尾。对文件的后续写入将始终在文件的当前末尾处结束，而不管任何干预的查找或类似操作。

● **a+**：打开文件进行读取和写入。如果该文件不存在，则会创建该文件。该流位于文件的末尾。对文件的后续写入将始终在文件的当前末尾处结束，而不管任何干预的查找或类似操作。

上述代码其中之一应该与以下项目中的选择结果相结合，下面以"代码：含义"的格式指定文本或二进制模式。

- **t**：文件内容被解析为编码的文本字符串。文件中的字节将根据指定的文本编码方式进行编码和解码，通用换行转换生效（除非明确禁用）。所有从文件写入和读取数据的方法都接收并返回 str 对象。这是默认的。

- **b**：文件内容被视为原始字节。所有从文件写入和读取数据的方法都接收并返回字节对象。

字符串的典型模式例子可能是写二进制文件的 wb 或追加文本的 at。尽管模式代码的两个部分都支持默认值，但为了便于阅读，建议使用显式的参数。

open() 返回对象的确切类型取决于文件的打开方式。这是实际开发中的动态类型！但是，对于大多数情况，open() 返回的实际类型并不重要。知道返回的对象是类文件对象（file-like object）就足够了，因此我们可以期望它支持某些属性和方法。

9.1.4 写入文件

之前已经展示了如何为模块、方法和类型请求 help()，但实际上也可以请求实例的帮助。一切皆对象，牢记这句话很有意义。

```
>>> help(f)
...
  | write(self, text, /)
  | Write string to stream.
  | Returns the number of characters written (which is always
  | equal to the length of the string).
...
```

通过浏览帮助，我们可以看到 f 支持 write() 方法。用 q 可退出帮助，然后在 REPL 中继续。

现在用 write() 方法向文件写入一些文本：

```
>>> f.write('What are the roots that clutch, ')
32
```

对 write() 的调用会返回写入文件的码位或字符的数量。再添加几行：

```
>>> f.write('what branches grow\n')
19
>>> f.write('Out of this stony rubbish? ')
27
```

你会注意到我们在写入文件的文本中显式地包含了换行符。在需要的地方提供换行符是调用者的责任：Python 不提供 writeline() 方法。

9.1.5 关闭文件

当完成写入时，应该记得通过调用 close() 方法来关闭文件：

```
>>> f.close()
```

请注意，只有在关闭文件后，我们才能确保写入的数据对外部进程可见。关闭文件很重要！

另外请记住，在关闭文件之后，你不能再读取或写入文件。这样做会导致一个异常。

9.1.6 Python 之外的文件知识

如果你现在退出 REPL，并查看文件系统，你可以看到你确实创建了一个文件。在 UNIX 上使用 ls 命令：

```
$ ls -l
-rw-r--r-- 1 rjs staff 78 12 Jul 11:21 wasteland.txt
```

你应该看到有 78 个字节的 wasteland.txt 文件。

在 Windows 上使用 dir：

```
> dir
  Volume is drive C has no label.
  Volume Serial Number is 36C2-FF83

  Directory of c:\Users\pyfund
12/07/2013  20:54  79  wasteland.txt
              1 File(s) 79 bytes
              0 Dir(s) 190,353,698,816 bytes free
```

在这种情况下，你应该看到有 79 个字节的 `wasteland.txt`，因为 Python 的文件通用换行符将换行符转换为平台本地的换行符了。

`write()` 方法返回的数字是传递给 `write()` 的字符串中的码位（或字符）的数量，而不是编码和通用换行转换后写入文件的字节数。通常，使用文本文件时，不能通过将 `write()` 返回的数量相加来确定以字节为单位的文件的长度。

9.1.7　读取文件

为了读取文件，再次使用 `open()`，但是这次传入 `'rt'`，这是读取文本模式：

```
>>> g = open('wasteland.txt', mode='rt', encoding='utf-8')
```

如果知道要读取多少个字节，或者想要读取整个文件，可以使用 `read()`。回顾一下 REPL，可以看到第一次写入的长度是 32 个字符，现在通过调用 `read()` 方法来读取它：

```
>>> g.read(32)
'What are the roots that clutch, '
```

在文本模式下，`read()` 方法接收从文件读取的字符数，而不是字节数。调用返回文本，并将文件指针移到所读取的内容的末尾。因为以文本模式打开文件，所以返回类型是 `str`。

要读取文件中的所有剩余数据，可以无参地调用 `read()`：

```
>>> g.read()
'what branches grow\nOut of this stony rubbish? '
```

该方法返回了一个包含两行的字符串——注意中间的换行符。

在文件的最后，进一步调用 `read()` 返回一个空字符串：

```
>>> g.read()
''
```

当读完文件后，我们会关闭文件。然而，为了方便练习，我们将保持文件打开并使用入参为 0 的 `seek()` 将文件指针移回到文件的开头：

```
>>> g.seek(0)
```

0

`seek()`的返回值是新的文件指针位置。

1. 一行一行地读

使用 `read()` 读取文本是非常尴尬的，Python 提供了更好的工具以逐行读取文本文件。第一个工具就是 `readline()` 函数：

```
>>> g.readline()
'What are the roots that clutch, what branches grow\n'
>>> g.readline()
'Out of this stony rubbish? '
```

每次调用 `readline()` 都会返回一行文本。如果文件中存在一个换行符，则返回的行将被它终止。本示例的最后一行不是以换行符终止的，因为文件末尾没有换行符。你不应该依赖由换行符终止的 `readline()` 返回的字符串。请记住，通用换行支持将平台原生换行符翻译为 `'\n'`。

一旦到达文件的末尾，对 `readline()` 的进一步调用将返回一个空字符串：

```
>>> g.readline()
''
```

2. 一次读多行

再次移动文件指针，以不同的方式读取该文件：

```
>>> g.seek(0)
```

有时，当我们知道要读取文件中的每一行时（如果有足够的内存可以这样做），可以使用 `readlines()` 方法将文件中的所有行读取到列表中：

```
>>> g.readlines()
['What are the roots that clutch, what branches grow\n',
'Out of this stony rubbish? ']
```

如果解析文件涉及在行之间跳转，上述内容是特别有用的。做这件事时用行列表比用字符的文件流更容易。

关闭文件：

```
>>> g.close()
```

9.1.8 向文件追加内容

有时候，我们希望向一个现有的文件追加内容，那么可以通过模式'a'来实现这一点。在这种模式下，以写入模式打开文件，文件指针移动到现有数据的末尾。在这个例子中，我们将'a'和't'结合起来，显示指定使用的文本模式：

```
>>> h = open('wasteland.txt', mode='at', encoding='utf-8')
```

虽然 Python 中没有 writeline() 方法，但是有一个 writelines() 方法，它将一系列可迭代的字符串写入流中。如果希望字符串中有换行符，那你必须自己提供方法。起初，这可能看起来很奇怪，但它保留了与 readlines() 的对称性，同时也增加了灵活性，我们可以使用 writelines() 将任何可迭代的一系列字符串写入文件：

```
>>> h.writelines(
... ['Son of man,\n',
... 'You cannot say, or guess, ',
... 'for you know only,\n',
... 'A heap of broken images, ',
... 'where the sun beats\n'])
>>> h.close()
```

注意在这里只完成了 3 行——我们说完成了是因为追加的文件本身并没有以换行符结束。

9.1.9 文件对象作为迭代器

这些日益复杂的文本文件读取工具的最终结果是文件对象支持迭代器协议。当迭代一个文件时，每次迭代都会生成文件中的下一行。这意味着它们可以用于 for 循环和其他使用迭代器的地方。我们将借此机会创建一个 Python 模块文件 files.py：

```
import sys


def main(filename):
    f = open(filename, mode='rt', encoding='utf-8')
    for line in f:
```

```
        print(line)
    f.close()


if __name__ == '__main__':
    main(sys.argv[1])
```

可以直接从系统命令行中调用它，传入文本文件的名称即可：

```
$ python3 files.py wasteland.txt
What are the roots that clutch, what branches grow

Out of this stony rubbish? Son of man,

You cannot say, or guess, for you know only

A heap of broken images, where the sun beats
```

你会注意到这首诗的行之间有空行。发生这种情况是因为文件中的每一行都由一个换行终止，print()可以添加它自己的换行。为了解决这个问题，我们可以使用 strip()方法在输出之前将每行之后的空格全部删除，而不是使用 stdout 流的 write()方法。该方法与之前讲述的用于写入文件的 write()方法完全相同，我们可以使用它，这是因为 stdout 流本身就是一个文件类对象。可以从 sys 模块中获得对 stdout 流的引用：

```
import sys


def main(filename):
    f = open(filename, mode='rt', encoding='utf-8')
    for line in f:
        sys.stdout.write(line)
    f.close()


if __name__ == '__main__':
    main(sys.argv[1])
```

如果运行这个程序，会得到：

```
$ python3 files.py wasteland.txt
What are the roots that clutch, what branches grow
Out of this stony rubbish? Son of man,
You cannot say, or guess, for you know only
```

A heap of broken images, where the sun beats

上面这首诗歌是 20 世纪最重要的诗歌之一。接下来讲解一些令人兴奋的内容——上下文管理器。

9.2　上下文管理器

对于下一个示例，我们需要一些包含数字的数据文件。使用下面的 recaman.py 中的代码，我们可以将一个名为 Recaman 序列的数字序列写入一个文本文件，该文本文件的每行只一个数字：

```python
import sys
from itertools import count, islice


def sequence():
    """生成 Recaman 序列。"""
    seen = set()
    a = 0
    for n in count(1):
        yield a
        seen.add(a)
        c = a - n
        if c < 0 or c in seen:
            c = a + n
        a = c


def write_sequence(filename, num):
    """将 Recaman 序列写入到一个文件中。"""
    f = open(filename, mode='wt', encoding='utf-8')
    f.writelines("{0}\n".format(r) for r in islice(sequence(), num + 1))
    f.close()

if __name__ == '__main__':
    write_sequence(filename=sys.argv[1],
                   num=int(sys.argv[2]))
```

Recaman 序列本身并不重要，我们只是需要一种生成数字数据的方法。因此，这里不会解释 sequence() 生成器。尽管去做实验吧。

示例模块包含一个生成 Recaman 数字的生成器和一个使用 writelines()方法将序列的开始写入文件的函数。生成器表达式用于将每个数字转换为字符串并添加换行符。itertools.islice()用于截断，否则序列就是无限的。

执行模块将前 1000 个 Recaman 数字写入一个文件，将传递文件名和序列长度作为命令行参数：

```
$ python3 recaman.py recaman.dat 1000
```

现在来创建一个补充模块 series.py，它将从文件中读取数据：

```
"""读取并输出一个整数序列。"""

import sys

def read_series(filename):
    f = open(filename, mode='rt', encoding='utf-8')
    series = []
    for line in f:
        a = int(line.strip())
        series.append(a)
    f.close()
    return series

def main(filename):
    series = read_series(filename)
    print(series)

if __name__ == '__main__':
    main(sys.argv[1])
```

我们只需从打开的文件中，一次读取一行，调用 strip()字符串方法去除换行符，并将其转换为整数。如果从命令行中运行它，那么一切都应该按预期工作：

```
$ python3 series.py recaman.dat
[0, 1, 3, 6, 2, 7, 13,
...
,3683, 2688, 3684, 2687, 3685, 2686, 3686]
```

现在刻意来创造一个特殊的情况。在文本编辑器中打开 recaman.dat，并将其中一个数字被替换为一个无法转成整数的字符串：

```
0
1
3
6
2
7
13
oops!
12
21
```

保存该文件，重新运行 series.py：

```
$ python3 series.py recaman.dat
  Traceback (most recent call last):
    File "series.py", line 19, in <module>
      main(sys.argv[1])
    File "series.py", line 15, in main
      series = read_series(filename)
    File "series.py", line 9, in read_series
       a = int(line.strip())
ValueError: invalid literal for int() with base 10: 'oops!'
```

int() 构造函数在传递新的、无效的行数据时抛出 ValueError。该异常是未处理的，所以程序终止，并输出堆栈跟踪。

9.2.1　使用 `finally` 管理资源

这里有一个问题，就是从未执行过 f.close() 调用。

要解决这个问题，可以插入一个 try⋯finally 代码块：

```
def read_series(filename):
    try:
        f = open(filename, mode='rt', encoding='utf-8')
        series = []
        for line in f:
            a = int(line.strip())
            series.append(a)
    finally:
        f.close()
    return series
```

现在，即使存在异常情况，该文件也会被关闭。这个改变为另一个重构带来了机会：我们可以用列表推导来替换 `for` 循环，并直接返回这个列表：

```
def read_series(filename):
    try:
        f = open(filename, mode='rt', encoding='utf-8')
        return [int(line.strip()) for line in f]
    finally:
        f.close()
```

即使在这种情况下 `close()` 仍然会被调用。无论 `try` 代码块如何退出，`finally` 代码块都会被调用。

9.2.2　with 代码块

到目前为止，我们的例子都遵循一个模式：打开文件、使用文件、关闭文件。`close()` 函数非常重要，因为它会通知底层操作系统，你已经完成了对文件的操作。如果完成后没有关闭文件，我们可能会丢失数据。系统有可能有写入缓冲，也可能无法完全写入。此外，如果打开大量文件，系统可能会耗尽资源。因为我们总是希望每一个 `open()` 和 `close()` 都配对，所以希望有一个机制来强制形成这种关系，即使忘记了。

这种对资源清理的需求已经非常普遍，Python 实现了一个特定的叫作 with 代码块的控制流结构来支持这种需求。with 代码块可以与任何支持上下文管理协议的对象一起使用，其中包括 `open()` 返回的文件对象。文件对象是上下文管理器，利用这个事实 `read_series()` 函数会很简单：

```
def read_series(filename):
    with open(filename, mode='rt', encoding='utf-8') as f:
        return [int(line.strip()) for line in f]
```

我们不再需要显式地调用 `close()`，因为当执行退出代码块时，with 语句会替我们调用它，不管我们如何退出代码块。

现在，我们可以回过头来使用 with 代码块修改 Recaman 序列编写程序，再次不需要使用 `close()`：

```
def write_sequence(filename, num):
```

```
"""将 Recaman 序列写入到一个文件中。"""
with open(filename, mode='wt', encoding='utf-8') as f:
    f.writelines("{0}\n".format(r) for r in islice(sequence(), num + 1))
```

9.3 禅之刻

with 代码块语法像下面这样：

```
with EXPR as VAR:
    BLOCK
```

这就是所谓的**语法糖**（syntactic sugar），它组合了复杂的 try…except 和 try…finally 代码块：

```
mgr = (EXPR)
exit = type(mgr).__exit__  # 还未调用它
value = type(mgr).__enter__(mgr)
exc = True
try:
    try:
        VAR = value  # 只有当"as VAR"存在时
        BLOCK
    except:
        # 在这里处理异常的情况
        exc = False
        if not exit(mgr, *sys.exc_info()):
            raise
        # 如果 exit() 返回 True，就忽略异常
finally:
    # 在这里处理正常的和非本地跳转的情况
```

```
    if exc:
        exit(mgr, None, None, None)
```

你选哪一种？

没人希望代码看起来非常复杂，而这就是在没有 with 语句的情况下出现的。糖可能对你的健康没有好处，但对你的代码来说可能是非常健康的！

9.4 二进制文件

到目前为止，我们已经了解了文本文件，并将文件内容作为 Unicode 字符串处理。但是，在很多情况下，文件包含的数据不是编码文本。在这些情况下，我们需要使用文件中的确切字节，且不需要任何中间编码或解码。这是二进制模式出现的原因。

9.4.1 BMP 文件格式

为了演示如何处理二进制文件，我们需要一个有趣的二进制数据格式。BMP 是包含设备无关位图（Device Independent Bitmap）的图像文件格式。它非常简单，我们可以从头开始制作一个 BMP 文件编写器。将下面的代码放在名为 bmp.py 的模块中：

```python
# bmp.py


"""一个处理 BMP 位图图像文件的模块。"""


def write_grayscale(filename, pixels):
    """创建并写入一个灰度 BMP 文件。

    Args:
        filename:  所创建的 BMP 文件的名称。
        pixels:  作为一系列行存储的矩形图像。
        每一行必须是可迭代的整数序列，且整数必须在 0~255 这个区间。

    Raises:
        OSError: 如果无法写入文件。
```

```
                """
                height = len(pixels)
                width = len(pixels[0])

                with open(filename, 'wb') as bmp:
                    # BMP 文件头
                    bmp.write(b'BM')

                    # 接下来的 4 个字节保存文件大小，它是一个 32 位小端整数
                    # 现在是零占位符
                    size_bookmark = bmp.tell()
                    bmp.write(b'\x00\x00\x00\x00')

                    # 两个未使用的 16 位整数——这里是零
                    bmp.write(b'\x00\x00')
                    bmp.write(b'\x00\x00')

                    # 接下来的 4 个字节保存像素数据的整数偏移量
                    # 现在是零占位符
                    pixel_offset_bookmark = bmp.tell()
                    bmp.write(b'\x00\x00\x00\x00')

                    # 图像头
                    bmp.write(b'\x28\x00\x00\x00')  # 图像头大小——40 个字节
                    bmp.write(_int32_to_bytes(width))   # 图像宽度
                    bmp.write(_int32_to_bytes(height))  # 图像高度

                    # 图像头的其余部分基本上是固定的
                    bmp.write(b'\x01\x00')   # 色彩平面数
                    bmp.write(b'\x08\x00')   # 每个像素所占位数
                    bmp.write(b'\x00\x00\x00\x00')   # 没有压缩
                    bmp.write(b'\x00\x00\x00\x00')   # 无压缩使用 0
                    bmp.write(b'\x00\x00\x00\x00')   # 每米未用的像素
                    bmp.write(b'\x00\x00\x00\x00')   # 每米未用的像素
                    bmp.write(b'\x00\x00\x00\x00')   # 使用整个调色板
                    bmp.write(b'\x00\x00\x00\x00')   # 所有的颜色都很重要
            # 调色板——线性灰度
                    for c in range(256):
                        bmp.write(bytes((c, c, c, 0)))   # 蓝、绿、红、零
```

```
# 像素数据
pixel_data_bookmark = bmp.tell()
for row in reversed(pixels):  # BMP 文件从底部到顶部
    row_data = bytes(row)
    bmp.write(row_data)
    padding = b'\x00' * ((4 - (len(row) % 4)) % 4)
    # 将行填充到 4 个字节的倍数
    bmp.write(padding)

# 文件尾
eof_bookmark = bmp.tell()

# 填充文件大小占位符
bmp.seek(size_bookmark)
bmp.write(_int32_to_bytes(eof_bookmark))

# 填充像素偏移占位符
bmp.seek(pixel_offset_bookmark)
bmp.write(_int32_to_bytes(pixel_data_bookmark))
```

这可能看起来很复杂，但其实你会看到，它是相对简单的。

简单起见，我们决定只处理 8 位灰度图像。它们具有很好的属性，每个像素一个字节。write_grayscale() 函数接收两个参数：文件名和像素值集合。正如 docstring 指出的，这个集合应该是包含整数序列的序列。例如，一个包含整数对象列表的列表就很好。此外：

- int 必须是 0 到 255 的像素值；

- 内部列表是从左到右的一行像素；

- 外部列表是从顶部到底部的像素行的列表。

我们要做的第一件事是计算图像的大小，通过计算行数获取高度和首行的项目数从而获取宽度。我们假设但不检查：所有行都有相同的长度（在生产级代码中，需要对此进行检查）。

接下来，使用 wb 模式字符串打开文件，并以二进制模式写入文件。这里没有指定编码——这对原始二进制文件没有意义。

在 with 代码块内部，开始写入 BMP 格式的"BMP 文件头"，这是该类文件的开头。

文件头必须以所谓的"魔数（magic）"字节序列 b'BM'开始，以将其标识为 BMP 文件。本段代码使用的是 write()方法，并且由于文件是以二进制模式打开的，所以传递一个字节对象。

接下来的 4 个字节应该包含一个表示文件大小的 32 位整数，这个值暂且还不知道。可以预先计算出来，但是我们会采取一种不同的方法：先写一个占位符值，然后再返回到这里来填写实际值。

为了能够回到这里，我们使用文件对象的 tell()方法。它会返回从文件开始的文件指针偏移量。我们将这个偏移量存储在一个变量中，该变量将作为一个书签。我们写入 4 个零字节作为占位符，并使用转义语法将其指定为零。

接下来的两对字节是未被使用的，因此只写入零字节。

接下来的 4 个字节是另一个 32 位整数，它应该包含从文件开头到像素数据开始的字节偏移量。我们还不知道这个值，所以将使用 tell()方法存储另一个书签，并写入另一个 4 个字节的占位符。当知道实际值时，很快就可以返回这里。

下一部分称为图像头（Image Header）。我们要做的第一件事就是将图像头的长度写成一个 32 位整数。在这个例子中，图像头总是 40 个字节。我们只是固定写成十六进制。请注意，BMP 格式是小端（little-endian）的——先写入最低有效字节。

接下来的 4 个字节是图像宽度，它是一个小端 32 位整数。先调用一个模块作用域来实现细节函数 _int32_to_bytes()，它将一个 int 对象转换成一个包含正好 4 个字节的字节对象。然后，再次使用相同的功能来处理图像高度。

对于 8 位灰度图像，图像头的其余部分基本上是固定的，除了注意整个图像头实际上总共 40 个字节之外，细节在这里并不重要。

8 位 BMP 图像中的每个像素都是具有 256 个条目的色彩表的索引。每个条目都是一个 4 字节的 BGR 颜色。对于灰度图像，我们需要在线性标度上写入 256 个 4 字节的灰度值。这个片段是实验的"沃土",对这个函数的一个自然增强就是能够将这个调色板作为一个可选的函数参数单独提供。

最后,我们准备写入像素数据,但是在写入之前,先使用 tell() 方法来记录当前的文件指针偏移,因为它是后续需要返回并填充的位置之一。

写入像素数据本身很简单。使用 reverse() 内置函数来翻转行的顺序:BMP 图像从下到上写入。对于每一行,我们只需将可迭代的一系列整数传递给 bytes() 构造函数即可。如果整数超出区间 0~255,构造函数将抛出 ValueError。

BMP 文件中的每行像素数据必须是 4 个字节长的倍数,不必考虑图像宽度。为了做到这一点,我们取行长模数为 4,并给出一个介于 0 和 3 之间的数字,该数字是行的结尾落在前面 4 字节边界上的字节数。为了得到填充字节的数量以到达下一个 4 字节边界,我们从 4 中减去这个模数值,得到一个 1~4 的值。但是,不想用 4 个字节填充,只用 1 个、2 个或 3 个填充,所以必须再次取模 4,将 4 个字节填充转换为零填充字节。

此值与应用于单个零字节的重复运算符一起使用,以生成包含 0 个、1 个、2 个或 3 个字节的字节对象。我们把该对象写到文件中以终止每一行。

像素数据之后就是文件的末尾。之前说过记录这个偏移值,将使用 tell() 方法将当前位置记录到文件结束的书签变量中。

现在我们可以通过替换之前记录的占位符偏移量来兑现承诺。首先是文件长度。为了做到这一点,我们通过 seek() 方法返回我们记在文件开头附近的 size_bookmark,并且写入大小值,该值是通过 _int32_to_bytes() 将存储在 eof_bookmark 的值转成小端的 32 整数得到的。

通过 seek() 方法可找到 pixel_offset_bookmark 收藏的像素数据偏移占位符,并写入存储在 pixel_data_bookmark 中的 32 位整数。

当退出 with 代码块时,上下文管理器将关闭文件,并向文件系统提交所有缓冲的写入。

9.4.2　位操作符

处理二进制文件通常需要在字节级别上拆分或组装数据。这正是 _int32_to_bytes() 函数所做的事情。再次浏览它，它展示了我们之前从未见过的一些 Python 特性：

```python
def _int32_to_bytes(i):
    """将一个整数转换为四字节的小端格式。"""
    return bytes((i & 0xff, i >> 8 & 0xff, i >> 16 & 0xff, i >> 24 & 0xff))
```

该函数使用 "＞＞"（移位）和 "&"（按位与）从整数值中提取单个字节。请注意，按位与使用 "&" 符，这是为了区分它与逻辑与（and）。"＞＞" 运算符将整数的二进制表示向右移动指定的位数。该函数将整数参数向右移动一个、两个和三个字节，然后在每个移位之后提取最低有效字节。4 个整数结果构成一个元组，该元组被传递给 bytes() 构造函数以产生 4 个字节的序列。

9.4.3　写 BMP 文件

为了生成一个 BMP 图像文件，我们需要一些像素数据。前面已经包含了一个简单的模块 fractal.py，它为标志性的 Mandelbrot 集合分形生成像素值。

我们不打算详细解释分形生成代码以及它背后的数学知识。该代码很简单，它不依赖于任何我们之前未遇到的 Python 特性：

```python
# fractal.py

"""计算 Mandelbrot 集。"""

import math


def mandel(real, imag):
    """确定复合点在 Mandelbrot 集合中需要的迭代次数的对数。

    Args:
        real: 真正的坐标。
        imag: 虚构的坐标。
    Returns:
        1 到 255 内的整数。
```

```
    """
    x = 0
    y = 0
    for i in range(1, 257):
        if x*x + y*y > 4.0:
            break
        xt = real + x*x - y*y
        y = imag + 2.0 * x * y
        x = xt
    return int(math.log(i) * 256 / math.log(256)) - 1


def mandelbrot(size_x, size_y):
    """生成 Mandelbrot 集图像。
    Args:
        size_x: 图像宽度
        size_y: 图像高度
    Returns:
        0 到 255 内的整数列表。
    """
    return [[mandel((3.5 * x / size_x) - 2.5,
                    (2.0 * y / size_y) - 1.0)
            for x in range(size_x)]
            for y in range(size_y)]
```

关键是，mandelbrot() 函数使用嵌套列表推导来生成 0~255 的整数列表。这个整数列表代表了分形的图像。每个点的整数值由 mandel() 函数生成。

1. 生成分形图像

打开 REPL，然后使用 fractal 和 bmp 模块。首先使用 mandelbrot() 函数来产生一个 448 像素×256 像素的图像。使用长宽比为 7∶4 的图像可以获得最佳效果：

```
>>> import fractal
>>> pixels = fractal.mandelbrot(448, 256)
```

mandelbrot() 函数的调用可能需要 1s 左右——这个分形生成器比较简单，但是并不高效！

现在看看返回的数据结构：

```
>>> pixels
```

```
[[31, 31, 31, 31, 31, 31, 31, 31, 31, 31, 31, 31, 31, 31, 31, 31, 31,
31,31, 31, 31, 31, 31, 31, 31, 31, 31, 31, 31, 31, 31, 31, 31,
31, 31,
...
49, 49, 49, 49, 49, 49, 49, 49, 49, 49, 49, 49, 49, 49, 49, 49, 49,
49]]
```

这是一个整数列表，就像之前承诺的一样。将这些像素值写入 BMP 文件。

```
>>> import bmp
>>> bmp.write_grayscale("mandel.bmp", pixels)
```

找到该文件并在图像查看器中打开它，例如在 Web 浏览器中打开它。

灰度 Mandelbrot 图片集如图 9.1 所示。

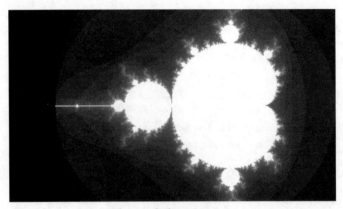

图 9.1 灰度 Mandelbrot

2．读取二进制文件

现在，我们制作出了一个漂亮的 Mandelbrot 图像，接下来看看如何用 Python 读取这些 BMP。我们不打算写一个完整的 BMP 阅读器，虽然这将是一个有趣的练习。本节只是编写一个简单的函数，用来确定 BMP 文件中像素的图像尺寸。将以下代码添加到 `bmp.py` 中：

```
def dimensions(filename):
    """确定 BMP 图像的像素尺寸。

    Args:
        filename: BMP 文件的文件名。
```

```
    Returns:
        一个包含两个整数的元组，它们表示宽度和高度，以像素为单位。
    Raises:
        ValueError: 如果文件不是 BMP 文件。
        OSError: 如果读取文件出现问题。
    """

    with open(filename, 'rb') as f:
        magic = f.read(2)
        if magic != b'BM':
            raise ValueError("{} is not a BMP file".format(filename))

        f.seek(18)
        width_bytes = f.read(4)
        height_bytes = f.read(4)

        return (_bytes_to_int32(width_bytes), _bytes_to_int32(height_
bytes))
```

以上代码通过 with-语句来管理文件，因此不必担心能否正确关闭文件。在 with 代码块内部，通过查找 BMP 文件中预期的头两个"魔数"字节可以执行一个简单的校验检查。如果字节不存在，就抛出一个 ValueError，这也会导致上下文管理器关闭文件。

回顾一下 BMP 写入器，我们可以从文件开头存储的 18 个字节来确定图像尺寸。通过 seek() 方法寻找到那个位置，并使用 read() 方法读取两个字节块，每个字节块为 4 个字节，它们是代表尺寸的 32 位整数。因为以二进制模式打开文件，所以 read() 返回一个字节对象。我们将这两个字节对象传递给另一个名为_bytes_to_int32() 的实现细节函数，该函数将它们组装成一个整数。这两个整数表示图像的宽度和高度，以元组形式返回。

_bytes_to_int32() 函数使用<<（左移位）和|（按位或），并结合字节对象的索引来重新组装整数。请注意，对字节对象的索引会返回一个整数：

```
def _bytes_to_int32(b):
    """将包含 4 个字节的字节对象转换为整数。"""
    return b[0] | (b[1] << 8) | (b[2] << 16) | (b[3] << 24)
```

如果使用新的读取器代码，就可以看到它确实读取了正确的值：

```
>>> bmp.dimensions("mandel.bmp")
(448, 256)
```

9.5 类文件对象

Python 中有一个"类文件对象（"file-like objects）"的概念。它不像特定的协议那样正式，但是，由于鸭子类型提供了多态性，所以它可以在实践中很好地运行。

之所以没有详细说明数件对象，是因为不同类型的数据流和设备具有许多不同的能力、期望和行为。所以，真正地定义一套协议来模拟它们将是相当复杂的，除了理论上的成就感之外，在实践中实际上并没有太多的收获。EAFP 的理念是：如果你想在一个事先不知道是否支持随机访问的类文件对象上执行 seek()，那么请继续尝试。如果seek() 方法不存在，或者它确实存在，但不像你期望的那样运行，那你要做好失败的准备。

你可能会说"如果它看起来像一个文件，并可以像一个文件那样进行读取，那么它就是一个文件。"

9.5.1 你已经见过类文件对象

实际上，我们已经看到过类文件对象了：当我们以文本和二进制模式打开文件时，返回的对象实际上是不同的类型，尽管它们都具有明确的类文件行为。Python 标准库中有一些类型也可以实现类文件行为，实际上本书的开头就介绍过其中的一个：使用urlopen() 方法从 Internet 上的 URL 检索数据时。

9.5.2 使用类文件对象

可以利用这种类文件对象的多态性来编写一个函数从而计算文件中每行的字数，然后返回一个包含该信息的列表：

```
>>> def words_per_line(flo):
...     return [len(line.split()) for line in flo.readlines()]
```

现在打开一个正常的文本文件，其中包含 T.S. Eliot 的杰作的片段，然后将其传递给新函数：

```
>>> with open("wasteland.txt", mode='rt', encoding='utf-8') as real_file:
...     wpl = words_per_line(real_file)
...
>>> wpl
[9, 8, 9, 9]
```

real_file 对象的真实类型是：

```
>>> type(real_file)
<class '_io.TextIOWrapper'>
```

没有必要关心这个特定的类型，它只是 Python 的一个内部实现细节。你只是在乎它表现得"像一个文件"。

现在，我们将使用一个类文件对象来做同样的事情，该对象表示一个由 URL 引用的 Web 资源：

```
>>> from urllib.request import urlopen
>>> with urlopen("http://sixty-north.com/c/t.txt") as web_file:
...     wpl = words_per_line(web_file)
...
>>> wpl
[6, 6, 6, 6, 6, 6, 6, 6, 6, 6, 5, 5, 7, 8, 14, 12, 8]
```

web_file 的类型与之前看到的有所不同：

```
>>> type(web_file)
<class 'http.client.HTTPResponse'>
```

但是，由于它们都是类文件对象，所以函数可以同时使用这两个对象。

类文件对象没有什么神奇之处：它只是一个方便而相当非正式的一组期望行为的描述，我们可以利用鸭子类型将这些期望行为放到一个对象上。

9.6 其他资源

with 语句结构可以与实现上下文管理器协议的任何类型的对象一起使用。本书不打算讲解如何实现一个上下文管理器，但是会告诉你一个简单的方法，让你可以在 with

语句中使用自己的类。把下面这段代码放到模块 fridge.py 中:

```
# fridge.py

"""示范如何扫荡冰箱中的食物。"""


class RefrigeratorRaider:
    """扫荡冰箱中的食物。"""

    def open(self):
        print("Open fridge door.")

    def take(self, food):
        print("Finding {}...".format(food))
        if food == 'deep fried pizza':
            raise RuntimeError("Health warning!")
        print("Taking {}".format(food))

    def close(self):
        print("Close fridge door.")


def raid(food):
        r = RefrigeratorRaider()
        r.open()
        r.take(food)
        r.close()
```

把 raid() 导入 REPL 中,然后进行测试:

```
>>> from fridge import raid
>>> raid("bacon")
Open fridge door.
Finding bacon...
Taking bacon
Close fridge door.
```

重要的是,要记得关上冰箱门,这样食物才会被保留下来,直到下一次"扫荡"。接下来尝试另一种"扫荡"的方法,它不太"健康":

```
>>> raid("deep fried pizza")
Open fridge door.
```

```
Finding deep fried pizza...
Traceback (most recent call last):
  File "<stdin>", line 1, in <module>
  File "./fridge.py", line 23, in raid
    r.take(food)
  File "./fridge.py", line 14, in take
    raise RuntimeError("Health warning!")
RuntimeError: Health warning!
```

这一次，程序被健康警告（Health warning）打断了，没机会关上门。我们可以通过使用 Python 标准库的 contextlib 模块中一个名为 closing() 的函数来解决这个问题。在导入函数之后，RefrigeratorRaider 构造函数调用将被封装到 closing() 中。这将把对象封装在上下文管理器中，并在退出之前调用封装对象上的 close() 方法。可以使用这个对象来初始化一个 with 代码块：

```python
"""示范如何扫荡冰箱中的食物。"""

from contextlib import closing


class RefrigeratorRaider:
    """扫荡冰箱中的食物。"""

    def open(self):
        print("Open fridge door.")

    def take(self, food):
        print("Finding {}...".format(food))
        if food == 'deep fried pizza':
            raise RuntimeError("Health warning!")
        print("Taking {}".format(food))

    def close(self):
        print("Close fridge door.")


def raid(food):
    with closing(RefrigeratorRaider()) as r:
        r.open()
        r.take(food)
        r.close()
```

现在来执行一次：

```
>>> raid("spam")
Open fridge door.
Finding spam...
Taking spam
Close fridge door.
Close fridge door.
```

可以看到显式调用 close() 是不必要的，接下来修复这个问题：

```
def raid(food):
    with closing(RefrigeratorRaider()) as r:
        r.open()
        r.take(food)
```

更复杂的实现会检查门是否已经关闭，并忽略其他请求。

那它工作吗？再来尝试一下油炸披萨操作：

```
>>> raid("deep fried pizza")
Open fridge door.
Finding deep fried pizza...
Close fridge door.
Traceback (most recent call last):
  File "<stdin>", line 1, in <module>
  File "./fridge.py", line 23, in raid
    r.take(food)
  File "./fridge.py", line 14, in take
    raise RuntimeError("Health warning!")
RuntimeError: Health warning!
```

这一次，即使触发健康警告，上下文管理器仍然为我们关闭了门。

9.7 小结

- 使用内置的 open() 函数可以打开文件，该函数接收一个文件模式参数，该参数用于控制读取、写入、追加行为，以及文件是否被视为原始二进制文件或编码文本数据。

- 对于文本数据，你应该指定一个文本编码。

- 文本文件可以处理字符串对象并进行通用换行符的转换和字符串编码。

- 二进制文件可处理字节对象，但不进行换行符转换或编码。

- 在编写文件时，你有责任为换行提供换行符。

- 用完文件后应关闭文件。

- 文件提供了各种面向行的读取方法。

- 文件是上下文管理器，with 语句可以与上下文管理器一起使用，以确保可执行清理操作（如关闭文件）。

- 文件类对象的概念是松散定义的，但在实践中非常有用。运用 EAFP 可以充分利用它们。

- 上下文管理器不限于文件类对象。可以使用 contextlib 标准库模块中的工具（比如 closing()包装器）来创建自己的上下文管理器。

- help()函数可以用于实例对象，而不仅是类型。

- Python 支持按位运算符&、|、<<和>>。

- 可以在 PEP 343 中获得 with 语句语法的完整细节。

- 你可以了解到关于 BMP 格式的所有信息。

- 类似序列协议是用于类元组对象的等情况。

- 要求原谅比许可更容易。

第 10 章
使用 Python 库进行单元测试

当构建更复杂的程序的时候，代码中很容易出现各种各样的缺陷。缺陷可能出现在最初编写的代码中；当我们对代码进行修改时，可能也会引入缺陷。为了可以有效处理缺陷并保持高质量的代码，一组可以运行的测试是非常有用的，这些测试可以告诉你代码是否按照预期正常工作。

为了进行这样的测试，Python 标准库包含了 `unittest` 模块。

不管它的名字暗示什么，这个模块不仅仅有助于单元测试。事实上，它是一个灵活的可用于各种自动化测试的框架，从验收测试到集成测试再到单元测试都可用它。与其他语言的测试框架一样，它的主要功能是帮助你进行自动化和可重复的测试。通过这样的测试，你可以随时很容易并且很轻松地验证代码是否正常工作。

10.1 测试用例

`unittest` 模块围绕着几个关键概念构建，其核心概念就是测试用例（test case）。测试用例（包含在 `unittest.TestCase` 类中）是将一组相关的测试方法组合在一起，它是 `unittest` 框架中测试组织的基本单元。稍后我们会看到，单独的测试方法在 `unittest.TestCase` 子类中以方法的形式实现。

10.2　固件

下一个重要的概念是固件（fixture）。固件是在每个测试方法之前和/或之后运行的代码片段。固件有两个主要目的：

- 装配（set-up）固件确保在测试运行之前测试环境处于预期状态；

- 拆卸（tear-down）固件在测试运行后清理环境，通常是释放资源。

例如，装配固件可能会在运行测试之前在数据库中创建一个特定的条目。同样，拆卸固件可能会删除测试创建的数据库条目。固件不是测试所必需的，但它们非常普遍，而且它们对于测试的可重复性是非常重要的。

10.3　断言

最后的关键概念是断言（assertion）。断言是测试方法内部的特定检查，最终确定测试是通过还是失败。除了这些功能外，断言可以：

- 进行简单的布尔检查；

- 执行对象相等性测试；

- 验证是否抛出了适当的异常。

如果断言失败，则测试方法失败，因此断言代表着你可以执行的最低级别的测试。可以在 unittest 文档中找到完整的断言列表。

10.4　单元测试示例：文本分析

记住这些概念，现在来看看在实践中，如何实际地使用 unittest 模块。在下面这个例子中，我们将使用测试驱动开发（test-driven development）来编写一个简单的文本分析函数。这个函数将文件名作为唯一的参数。然后，它将读取该文件并计算：

- 文件中的行数；

- 文件中的字符数。

TDD 是一个迭代的开发过程，它不能在 REPL 上进行，我们将把测试代码放在名为 text_analyzer.py 的文件中。先创建第一个测试，它只有支持正常运行的代码：

```python
# text_analyzer.py

import unittest


class TextAnalysisTests(unittest.TestCase):
    """ ``analyze_text()``函数的测试"""

    def test_function_runs(self):
        """基本的冒烟测试: 运行函数"""
        analyze_text()

if __name__ == '__main__':
    unittest.main()
```

该段代码做的第一件事是导入 unittest 模块。然后通过定义一个类——TextAnalysisTests 来创建测试用例，该类继承自 unittest.TestCase。这就是用 unittest 框架创建测试用例的方法。

要在测试用例中定义单独的测试方法，你可以简单地在 TestCase 子类中创建以 test_ 开头的方法。unittest 框架在执行时会自动发现这样的方法，所以你不需要明确地注册测试方法。

在这种情况下，我们可以定义非常简单的测试：检查 analyze_text()函数是否运行！这个测试没有做任何明确的检查，而是依赖于这样一个事实：一个测试方法如果抛出异常，那么它就失败了。此时，如果不定义 analyze_text()，那么测试将会失败。

最后，该段代码定义了惯用的 main 代码块，main 代码块会在模块执行时调用

unittest.main()。unittest.main()函数将搜索模块中的所有 TestCase 子类并执行所有的测试方法。

10.4.1　运行初始化测试

由于我们使用的是测试驱动设计，所以期望测试一开始就会失败。实际上，测试失败的原因很简单——还没有定义 analyze_text()：

```
$ python text_analyzer.py
E
======================================================================
ERROR: test_function_runs (__main__.TextAnalysisTests)
----------------------------------------------------------------------
Traceback (most recent call last):
  File "text_analyzer.py", line 5, in test_function_runs analyze_text()
NameError: global name 'analyze_text' is not defined
----------------------------------------------------------------------
Ran 1 test in 0.001s

FAILED (errors=1)
```

正如你所看到的，unittest.main()生成了一个简单的报告，告诉用户有多少测试运行，有多少失败。它也展示了测试失败的原因。在这种情况下，当试图运行不存在的函数 analyze_text()时，我们得到了一个 NameError。

10.4.2　让测试通过

可以定义 analyze_text()来修复失败的测试。请记住，在测试驱动的开发中，我们只编写足够的代码来满足测试，所以现在要做的就是创建一个空的函数。简单起见，我们将把这个空函数放在 text_analyzer.py 中，尽管通常你的测试代码和实现代码可能在不同的模块中：

```
# text_analyzer.py

def analyze_text():
    """计算文件中的行数和字符数。
    """
    pass
```

把这个函数放在模块内，再次运行测试，我们发现测试现在通过了：

```
% python text_analyzer.py
.
----------------------------------------------------------------------
Ran 1 test in 0.001s

OK
```

我们已经完成了一个单一的测试驱动开发周期，尽管这些代码没有真正做任何事情。我们将迭代地改进测试和实现，以得到一个真正的解决方案。

10.5　用固件创建临时文件

接下来要做的就是将文件名传递给 analyze_text()，以便知道要处理的内容。当然，对于 analyze_text() 来说，这个文件名应该指向一个实际存在的文件！为了确保测试所需的文件存在，需要定义一些固件。

我们可以定义的第一个固件是 TestCase.setUp() 方法。如果定义了该方法，则此方法会在 TestCase 中的每个测试方法之前运行。在这种情况下，我们将使用 setUp() 创建一个文件，并使用一个 TestCase 的成员变量记录该文件名：

```
# text_analyzer.py


class TextAnalysisTests(unittest.TestCase):
    ...
    def setUp(self):
        """ 为测试方法创建文件的固件。"""
        self.filename = 'text_analysis_test_file.txt'
        with open(self.filename, 'w') as f:
            f.write('Now we are engaged in a great civil war,\n'
                    'testing whether that nation,\n'
                    'or any nation so conceived and so dedicated,\n'
                    'can long endure.')
```

第二个可用的固件就是 TestCase.tearDown()。tearDown() 方法在 TestCase 中的每个测试方法之后运行，在这种情况下，我们将使用它来删除在 setUp()

中创建的文件：

```
# text_analyzer.py

import os
...
class TextAnalysisTests(unittest.TestCase):
    ...
    def tearDown(self):
        """删除测试中所使用的文件的固件。"""
        try:
            os.remove(self.filename)
        except OSError:
            pass
```

请注意，因为我们在 tearDown() 中使用了 os 模块，所以我们需要在文件的顶部导入它。

还要注意 tearDown() 是如何解决 os.remove() 抛出的异常的。我们这样做是因为 tearDown() 实际上不能确定文件是否存在，所以它只是试图删除文件，并假定可以安全地忽略任何异常。

10.6　使用新固件

除了使用这两个固件以外，我们现在会有一个文件：要在每个测试方法之前创建这个文件，并在每个测试方法之后删除它。这意味着每个测试方法都以稳定的已知状态开始。这对于重复性测试是至关重要的。通过修改现有的测试把这个文件名传递给 analyze_text()：

```
# text_analyzer.py

class TextAnalysisTests(unittest.TestCase):
    ...
    def test_function_runs(self):
        """基本的冒烟测试：运行函数。"""
        analyze_text(self.filename)
```

请记住，setUp() 将文件名存储在 self.filename 中。由于传递给固件的 self

参数与传递给测试方法的实例相同，所以我们的测试可以使用该属性访问文件名。

在运行这个测试时，可以看到这个测试失败了，因为 analyze_text() 不接收任何参数：

```
% python text_analyzer.py
E
========================================================================
ERROR: test_function_runs (__main__.TextAnalysisTests)
------------------------------------------------------------------------
  Traceback (most recent call last):
    File "text_analyzer.py", line 25, in test_function_runs
      analyze_text(self.filename)
TypeError: analyze_text() takes no arguments (1 given)
------------------------------------------------------------------------
Ran 1 test in 0.003s
FAILED (errors=1)
```

可以简单地为该方法增加一个参数以修复此问题：

```
# text_analyzer.py
def analyze_text(filename):
    pass
```

如果再次运行测试，就可以看到测试通过了：

```
% python text_analyzer.py
.
------------------------------------------------------------------------
Ran 1 test in 0.003s
OK
```

现在仍然没有任何有用的实现，但是你大概了解测试驱动是如何实现的了。

10.7　使用断言测试行为

现在，我们满意的是 analyze_text() 存在并接收了正确数量的参数，接下来看看它能否真正地工作。要做的第一件事是让函数返回文件中的行数，首先来定义这个测试：

```
# text_analyzer.py

class TextAnalysisTests(unittest.TestCase):
    ...
    def test_line_count(self):
        """检查行数是否正确。"""
        self.assertEqual(analyze_text(self.filename), 4)
```

在这里，我们看到了第一个断言的例子。TestCase 类有许多断言方法，在本例中，我们使用 assertEqual() 来检查函数计算的行数是否等于 4。如果 analyze_text() 返回的值不等于 4，那么这个断言将导致测试方法失败。如果运行新测试，会发现以下正是所发生的事情：

```
% python text_analyzer.py
.F
======================================================================
FAIL: test_line_count (__main__.TextAnalysisTests)
----------------------------------------------------------------------
Traceback (most recent call last):
  File "text_analyzer.py", line 28, in test_line_count
    self.assertEqual(analyze_text(self.filename), 4)
AssertionError: None != 4
----------------------------------------------------------------------
Ran 2 tests in 0.003s

FAILED (failures=1)
```

可以看到，现在正在运行两个测试，其中一个测试通过，而新测试失败，出现一个 AssertionError 错误。

10.7.1 计数行数

在本节，我们不再按照 TDD 的规则进行，要稍微快速一点进行。首先，更新函数以返回文件中的行数：

```
# text_analyzer.py

def analyze_text(filename):
    """计算文件中的行数和字符数。
```

```
    Args:
        filename: 将要分析的文件的名称。

    Raises:
        IOError: 如果文件不存在或者无法读取文件。

    Returns: 返回文件的行数。
    """
    with open(filename, 'r') as f:
        return sum(1 for _ in f)
```

这个修改确实可以返回想要的结果：

```
% python text_analyzer.py
...
----------------------------------------------------------------------
Ran 2 tests in 0.003s

OK
```

10.7.2　计数字符数

接下来，为所要实现的另外一个功能（即计算文件中的字符数）添加一个测试。因为 analyze_text() 现在会返回两个值，所以我们将返回一个元组，其中第一个位置为行数，第二个位置为字符数。新测试如下所示：

```
# text_analyzer.py

class TextAnalysisTests(unittest.TestCase):
    ...
    def test_character_count(self):
        """检查行数是否正确。"""
        self.assertEqual(analyze_text(self.filename)[1], 131)
```

它会如预期一样失败：

```
% python text_analyzer.py
E..
======================================================================
ERROR: test_character_count (__main__.TextAnalysisTests)
----------------------------------------------------------------------
Traceback (most recent call last):
```

```
    File "text_analyzer.py", line 32, in test_character_count
      self.assertEqual(analyze_text(self.filename)[1], 131)
TypeError: 'int' object has no attribute '__getitem__'
----------------------------------------------------------------------
Ran 3 tests in 0.004s

FAILED (errors=1)
```

这个结果显示，它不能索引到 analyze_text() 返回的整数。需要修复 analyze_text() 以返回适当的元组：

```python
# text_analyzer.py

def analyze_text(filename):
    """计算文件中的行数和字符数。

    Args:
        filename: 将要分析的文件的名称。

    Raises:
        IOError: 如果文件不存在或者无法读取文件。

        Returns:一个包含两个元素的元组，第一个元素是文件的行数，第二个元素是字符数。
    """
    lines = 0
    chars = 0
    with open(filename, 'r') as f:
        for line in f:
            lines += 1
            chars += len(line)
    return (lines, chars)
```

这样就修复了新测试，但是发现这也破坏了之前的测试：

```
% python text_analyzer.py
..F
======================================================================
FAIL: test_line_count (__main__.TextAnalysisTests)
----------------------------------------------------------------------
  Traceback (most recent call last):
    File "text_analyzer.py", line 34, in test_line_count
      self.assertEqual(analyze_text(self.filename), 4)
AssertionError: (4, 131) != 4
```

```
----------------------------------------------------------------------
Ran 3 tests in 0.004s

FAILED (failures=1)
```

幸运的是，这很容易解决，因为我们需要做的就是在之前的测试中解释新的返回类型：

```
# text_analyzer.py

class TextAnalysisTests(unittest.TestCase):
    ...
    def test_line_count(self):
        """ 检查行数是否正确。"""
        self.assertEqual(analyze_text(self.filename)[0], 4)
```

现在，所有的测试全部通过：

```
% python text_analyzer.py
...
----------------------------------------------------------------------
Ran 3 tests in 0.004s

OK
```

10.8　测试异常

我们想要测试的另一件事是，当传递一个不存在的文件名时，analyze_text() 是否会抛出正确的异常，可以这样测试它：

```
# text_analyzer.py

class TextAnalysisTests(unittest.TestCase):
    ...
    def test_no_such_file(self):
        """当文件不存在时，检查是否抛出合适的异常。"""
        with self.assertRaises(IOError):
            analyze_text('foobar')
```

这里使用 TestCase.assertRaises() 断言。这个断言检查指定的异常类型

（IOError）是否从 with 代码块的主体中抛出。

由于 open() 会因为不存在的文件抛出 IOError，所以我们的测试已经通过了，不用进行进一步的实现了：

```
% python text_analyzer.py
...
----------------------------------------------------------------------
Ran 4 tests in 0.004s

OK
```

10.9　测试文件存在性

最后，编写一个测试来验证 analyze_text() 不会删除这个文件——这是该函数的一个合理的需求。通过该测试，我们可以看到另一个非常有用的断言类型！

```
# text_analyzer.py

class TextAnalysisTests(unittest.TestCase):
    ...
    def test_no_deletion(self):
        """检查这个函数没有删除输入的文件。"""
        analyze_text(self.filename)
        self.assertTrue(os.path.exists(self.filename))
```

TestCase.assertTrue() 函数只是检查传递给它的值是否为 True。还有一个类似的 assertFalse() 函数，它会对 False 值进行相同的测试。

正如你可能期望的那样，这个测试也已经通过了：

```
% python text_analyzer.py
...
----------------------------------------------------------------------
Ran 5 tests in 0.002s

OK
```

现在我们已经有了一个有用的、通过的测试集！这个例子很小，但它演示了

unittest 模块的许多重要部分。unittest 模块还有更多的内容，但是使用本章介绍的技术，你就可以做相当多的事情了。

10.10　禅之刻

猜测或者一厢情愿地忽略歧义，可能会让你短期内收益。但在将来，这往往会导致混淆，甚至出现难以理解且无法修复的错误。在做出下一个快速修复之前，问问自己需要哪些信息才能正确执行。

10.11　小结

- unittest 模块是用于开发可靠的自动化测试的框架。

- 你可以通过继承 unittest.TestCase 来定义测试用例。

- unittest.main() 函数用于运行模块中的所有测试。

- setUp() 和 tearDown() 固件用于在每个测试方法之前和之后运行代码。

- 测试方法通过创建方法名称来定义，在测试用例对象上这些方法名称是以 test_ 开头的。

- 当不满足正确的条件时，可以使用各种 TestCase.assert 方法使测试失败。

- 在 with 语句中使用 TestCase.assertRaises() 来检查在测试中是否抛出

了正确的异常。

- 测试驱动开发（简称 TDD）是一种先编写测试的软件开发形式，也就是在你编写要测试的实际功能之前先编写测试。这可能看起来像是倒退，但它是一种非常强大的技术。你可以在本章了解更多有关 TDD 的信息。

- 请注意，我们实际上并没有测试任何功能。本章介绍的只是测试套件的初始框架，可以验证测试方法的执行。

- TDD 的一个宗旨是测试在通过之前应该为失败状态，你只能编写足够的实现代码来让测试通过。通过这种方式，你的测试将完整描述代码应该如何运行。

- 你可能已经注意到 setUp() 和 tearDown() 方法名称与 PEP 8 规定的不一致。这是因为 unittest 模块中的用下划线指定了函数名称的约定早于 PEP8 的。在 Python 标准库中有几种这样的情况，但大多数新的 Python 代码遵循 PEP 8 风格。

- 如果我们要严格解释 TDD，就需要有大量的实现。为了使现有的测试通过，实际上，我们不需要实现行的计数，只需要返回值 4 即可。随后的测试会迫使我们不断“更新”实现，因为它们描述了更完整的分析算法。这样一个教条式的方法在这里是不合适的，坦率地说，在实际的开发中也是如此。

第 11 章
使用 PDB 进行调试

即使有了一个全面的自动化测试套件，我们仍然可能遇到某些情况，这时就需要使用调试器弄清楚发生了什么。幸运的是，Python 标准库自带了一个强大的调试器：PDB。PDB 是一个命令行调试器，如果你熟悉像 GDB 这样的工具，那么你可以很快地上手 PDB。

与其他 Python 调试器相比，PDB 的主要优势在于，它是 Python 的一部分，PDB 几乎可以在任何有 Python 的地方使用，包括嵌入了 Python 语言的大型系统的专用环境，比如 ESRI 的 ArcGIS 地理信息系统。即便如此，若能使用图形调试器比如 Jetbrains 的 PyCharm 或微软的 Python Tools for Visual Studio，你会感觉更容易一些。你可以跳过本章，但了解 PDB 非常有必要。

PDB 与其他调试工具不同，它不是一个单独的程序，而是一个模块，就像任何其他的 Python 模块一样。你可以将 PDB 导入到任何程序中，并使用 set_trace() 函数调用启动调试器。这个函数在程序执行的任何时刻都可启动调试器。

首先看看 PDB，在 REPL 中使用 set_trace() 启动调试器：

```
>>> import pdb
>>> pdb.set_trace()
--Return--
> <stdin>(1)<module>()->None
(Pdb)
```

你会看到，在执行 set_trace() 之后，提示会从三箭头变成(Pdb)——通过这个可以知道已经进入了调试器。

11.1 调试命令

要做的第一件事就是通过输入 help 来查看调试器中可用的命令：

```
(Pdb) help
Documented commands (type help <topic>):
========================================
EOF       cl          disable    interact   next    return     u          where
a         clear       display    j          p       retval     unalias
alias     commands    down       jump       pp      run        undisplay
args      condition   enable     l          print   rv         unt
b         cont        exit       list       q       s          until
break     continue    h          ll         quit    source     up
bt        d           help       longlist   r       step       w
c         debug       ignore     n          restart tbreak     whatis
Miscellaneous help topics:
==========================
pdb exec
```

上面列出了几十个命令，其中一些在每个调试会话中可能都会用到，还有一些可能永远不会用到。

可以这样获得命令的特定帮助：输入 help，然后输入命令名称。

例如，要查看 continue，可输入 help continue：

```
(Pdb) help continue
c(ont(inue))
Continue execution, only stop when a breakpoint is encountered.
```

命令名中的圆括号表示可以通过输入 c、cont 或全部单词 continue 来激活 continue 命令。了解常见的 PDB 命令的快捷方式可以大大提高调试的舒适性和速度[①]。

[①] 在 Python 3 中，不同版本的 PDB 的命令的名称略有差异，在使用时，可以使用 help 命令查看详情。
　——译者注

11.2 调试回文程序

无须列出所有常用的 PDB 命令，本节来调试一个简单的函数。函数 is_palindrome()可接收一个整数，并确定整数是否是回文。回文是正序和反序一样的序列。

要做的第一件事就是用下面的代码创建一个新文件——palindrome.py：

```python
import unittest


def digits(x):
    """将整数转换为数字列表。

    Args:
        x：检查的数字。
    Returns：数字的列表，按照"x"的顺序排列。

    >>> digits(4586378)
    [4, 5, 8, 6, 3, 7, 8]
    """

    digs = []
    while x != 0:
        div, mod = divmod(x, 10)
        digs.append(mod)
        x = mod
    return digs


def is_palindrome(x):
    """确定一个整数是否是回文。

    Args:
        x：需要进行回文检查的数字。
    Returns：如果数字 "x" 是回文数字就返回 True，否则返回 False。

    >>> is_palindrome(1234)
    False
```

```
>>> is_palindrome(2468642)
True
"""

digs = digits(x)
for f, r in zip(digs, reversed(digs)):
    if f != r:
        return False
return True


class Tests(unittest.TestCase):
    """ ``is_palindrome()`` 函数的测试"""
    def test_negative(self):
        """检查结果为错误返回 False。"""
        self.assertFalse(is_palindrome(1234))

    def test_positive(self):
        """检查结果为正确返回 Ture。"""
        self.assertTrue(is_palindrome(1234321))

    def test_single_digit(self):
        """对于一位数字，检查能正常运行。"""
        for i in range(10):
            self.assertTrue(is_palindrome(i))

if __name__ == '__main__':
    unittest.main()
```

正如你所看到的，上列代码有 3 个主要部分：

- 第一部分是把整数转换成数字列表的 digits() 函数；

- 第二部分是 is_palindrome() 函数，它首先调用 digits()，然后检查结果列表是否是回文。

- 第三部分是一组单元测试，我们将使用这些测试来驱动程序。

正如你所期望的那样，这是一个关于调试的代码，这个代码中有一个错误。运行程序并发现错误，然后来看看如何使用 PDB 查找错误。

11.2.1　使用 PDB 找 Bug

先简单地运行下程序。我们期望运行的测试有 3 个，因为这是一个相对简单的程序，所以我们希望它的运行速度非常快：

```
$ python palindrome.py
```

可以看到，程序没有快速地运行完，而是一直在运行！如果查看它的内存使用情况，你会发现，内存的使用会随着程序运行时间的增加而增加。很明显，程序出现了问题，先用 Ctrl+C 组合键来中止程序。

尝试使用 PDB 来了解这里发生了什么。由于不知道问题可能出在哪里，也不知道在哪里可以放置 set_trace() 调用，所以我们将使用命令行调用在 PDB 的控制下启动程序：

```
$ python -m pdb palindrome.py
> /Users/sixty_north/examples/palindrome.py(1)<module>()
-> import unittest
(Pdb)
```

上段代码使用 -m 参数告诉 Python 将特定的模块（在这个例子中是 PDB）作为脚本，其余的参数会传递给该脚本。所以在这里，我们告诉 Python 将 PDB 模块作为一个脚本来执行，并且将文件的名称传递给它。

我们会立即看到 PDB 提示符。指向 import unittest 的箭头告诉我们，这是下一条要执行的语句。但是这条语句在哪里？

使用 where 命令来找到它：

```
(Pdb) where
/Library/Frameworks/Python.framework/Versions/3.5/lib/python3.5/bdb.py(387)
run()
-> exec cmd in globals, locals
<string>(1)<module>()
> /Users/sixty_north/examples/palindrome.py(1)<module>()
-> import unittest
```

where 命令报告了当前的调用堆栈，且最近的帧在底部。可以看到，PDB 在 palindrome.py 的第一行暂停执行。这证实了之前讨论过的 Python 执行的一个重要方面：所有事情都是在运行时进行求值的。此时，程序在导入语句之前暂停执行。

可以使用 next 命令运行到下一个语句来执行这个导入：

```
(Pdb) next
> /Users/sixty_north/examples/palindrome.py(3)<module>()
-> def digits(x):
(Pdb)
```

可以看到，程序会执行 digits() 函数的 def 调用。当再次执行 next 时，程序会
转到 is_palindrome() 函数的定义：

```
(Pdb) next
> /Users/sixty_north/examples/palindrome.py(12)<module>()
-> def is_palindrome(x):
(Pdb)
```

你可能想知道为什么调试器没有进入 digits 函数体。毕竟，它没有像其他部分一样在运行时进行求值。答案是函数的主体只有在提供了参数的情况下才能被求值，所以只有在函数被调用时函数的主体才会运行。在导入时程序会检查函数体的语法是否正确，但是 PDB 不允许我们调试语法检查的那一部分。

11.2.2　使用抽样找到无限循环

我们可以继续使用 next 来完成程序的执行，但是由于不知道 bug 的位置，所以这可能不是一个非常有用的技术。请记住，上节程序的问题是，它似乎永远在运行。这听起来很像一个无限循环！

我们不是在单步执行代码，而是顺其自然地执行代码。当认为程序进入循环中时，就使用 Ctrl+C 组合键来重新返回调试器：

```
(Pdb) cont
^C
Program interrupted. (Use 'cont' to resume).
> /Users/sixty_north/examples/palindrome.py(9)digits()
-> x = mod
(Pdb)
```

让程序运行几秒后，按 Ctrl+C 组合键停止程序，此时程序显示，停在了

palindrome.py 的 digits() 函数中。如果想看具体某一行的源代码，可以使用 PDB 的 list 命令：

```
(Pdb) list
  4            "将整数转换为数字列表。"
  5            digs = []
  6            while x != 0:
  7                div, mod = divmod(x, 10)
  8                digs.append(mod)
  9    ->        x = mod
 10            return digs
 11
 12   def is_palindrome(x):
 13        "确定一个整数是否是回文。"
 14        digs = digits(x)
(Pdb)
```

可以看到，程序确实是一个循环，这证实了我们的怀疑，它可能涉及无限循环。

可以使用 return 命令来尝试运行到当前函数的结尾。如果不返回任何对象，那么就有非常有力的证据表明该程序是一个无限循环：

```
(Pdb) r
```

让它运行几秒来确认永远不会退出函数，然后按 Ctrl+C 组合键。一旦回到 PDB 提示符，可以用 quit 命令退出 PDB：

```
(Pdb) quit
%
```

11.2.3 设置显式的断点

由于我们知道问题在于 digits()，因此可以使用前面提到的 pdb.set_trace() 函数在 digits() 处设置一个显式的断点：

```
def digits(x):
    """将整数转换为数字列表。

    Args:
        x: 我们想要的数字。

    Returns: 数字的列表，按照"x"的顺序排列。
```

```
>>> digits(4586378)
[4, 5, 8, 6, 3, 7, 8]
"""

import pdb; pdb.set_trace()

digs = []
while x != 0:
    div, mod = divmod(x, 10)
    digs.append(mod)
    x = mod
return digs
```

请记住，set_trace() 函数将停止执行并进入调试器。

现在可以在不指定 PDB 模块的情况下执行脚本：

```
% python palindrome.py
> /Users/sixty_north/examples/palindrome.py(8)digits()
-> digs = []
(Pdb)
```

可以看到，程序几乎立即进入了一个 PDB 提示符，并在 digits() 函数的开头停止执行。

为了验证当前所处的位置，使用 where 来看一下调用堆栈：

```
(Pdb) where
  /Users/sixty_north/examples/palindrome.py(35)<module>()
-> unittest.main()
  /Library/Frameworks/Python.framework/Versions/3.5/lib/python3.5/un\
ittest/main.py(95)__init__()
-> self.runTests()
  /Library/Frameworks/Python.framework/Versions/3.5/lib/python3.5/uni\
ttest/main.py(229)runTests()
-> self.result = testRunner.run(self.test)
  /Library/Frameworks/Python.framework/Versions/3.5/lib/python3.5/uni\
ttest/runner.py(151)run()
-> test(result)
  /Library/Frameworks/Python.framework/Versions/3.5/lib/python3.5/uni\
ttest/suite.py(70)__call__()
-> return self.run(*args, **kwds)
  /Library/Frameworks/Python.framework/Versions/3.5/lib/python3.5/uni\
```

```
ttest/suite.py(108)run()
-> test(result)
  /Library/Frameworks/Python.framework/Versions/3.5/lib/python3.5/uni\
ttest/suite.py(70)__call__()
-> return self.run(*args, **kwds)
  /Library/Frameworks/Python.framework/Versions/3.5/lib/python3.5/uni\
ttest/suite.py(108)run()
-> test(result)
  /Library/Frameworks/Python.framework/Versions/3.5/lib/python3.5/uni\
ttest/case.py(391)__call__()
-> return self.run(*args, **kwds)
  /Library/Frameworks/Python.framework/Versions/3.5/lib/python3.5/uni\
ttest/case.py(327)run()
-> testMethod()
  /Users/sixty_north/examples/palindrome.py(25)test_negative()
-> self.assertFalse(is_palindrome(1234))
  /Users/sixty_north/examples/palindrome.py(17)is_palindrome()
-> digs = digits(x)
  > /Users/sixty_north/examples/palindrome.py(8)digits()
-> digs = []
```

请记住，最近的帧在这个堆栈的末尾。经过大量的单元测试函数之后，我们看到它确实在 digits() 函数中，并且被 is_palindrome() 调用，就像我们所期望的那样。

11.2.4　跳过执行

本节我们要继续观察执行，看看为什么程序不退出这个函数的循环。使用 next 移动到循环体的第一行：

```
(Pdb) next
> /Users/sixty_north/examples/palindrome.py(9)digits()
-> while x != 0:
(Pdb) next
> /Users/sixty_north/examples/palindrome.py(10)digits()
-> div, mod = divmod(x, 10)
(Pdb)
```

现在来看一些变量的值，并验证是否发生我们期望发生的事情。可以使用 print

命令①来检查值：

```
(Pdb) print(digs)
[]
(Pdb) print x
1234
```

这看起来是正确的。digs 列表（保存数字序列）是空的，x 是我们传入的。我们期望 divmod() 函数返回 123 和 4：

```
(Pdb) next
> /Users/sixty_north/examples/palindrome.py(11)digits()
-> digs.append(mod)
(Pdb) print div,mod
123 4
```

这看起来是正确的：divmod() 函数已经从数字中删除了最低有效位，下一行代码会把这个数字放到结果列表中：

```
(Pdb) next
> /Users/sixty_north/examples/palindrome.py(12)digits()
-> x = mod
```

查看 digs，可以看到它现在包含了 mod：

```
(Pdb) print digs
[4]
```

下一行代码将更新 x，这样就可以继续剪切 digits 了：

```
(Pdb) next
> /Users/sixty_north/examples/palindrome.py(9)digits()
-> while x != 0:
```

可以看到，执行回到了我们期望的 while 循环。接下来查看 x 以确保它的数值正确：

```
(Pdb) print x
4
```

---

① 在 Python 3 中，不同版本的 pdb 的 print 命令略有差异。比如，在 3.2 版本中，可以使用 p(rint) 命令。在 3.5 版本中，则使用 p 命令进行输出。在这里可以使用 print() 函数进行输出。——译者注

等一下！ 我们期望 x 保存不在结果列表中的数字。但相反，它只保存了结果列表中的数字。显然，我们在更新 x 时犯了错误！

如果看看代码，我们很快就会明白应该把 div 而不是 mod 分配给 x。退出 PDB：

```
(Pdb) quit
```

请注意，由于 PDB 和 unittest 相互作用，你可能必须执行几次 quit 才可以退出。

11.2.5　修复 BUG

在退出 PDB 之后，删除 set_trace()调用并修改 digits()来解决发现的问题：

```
def digits(x):
    """将整数转换为数字列表。

    Args:
        x: 我们想要的数字。

    Returns: 数字的列表，按照"x"的顺序排列。

    >>> digits(4586378)
    [4, 5, 8, 6, 3, 7, 8]
    """

    digs = []
    while x != 0:
        div, mod = divmod(x, 10)
        digs.append(mod)
        x = div
    return digs
```

如果现在运行这个程序，就会看到它通过了所有的测试，而且运行速度非常快：

```
$ python palindrome.py
...
-------------------------------------------------------------------------
Ran 3 tests in 0.001s

OK
```

上列代码是一个基本的 PDB 会话，它演示了 PDB 的一些核心功能。PDB 有许多其他的命令和功能，但是学习它们的最好方法是开始使用 PDB 并尝试使用命令。这个回文项目可以作为学习 PDB 大部分功能的一个很好的例子。

11.3 小结

- Python 的标准调试器叫作 PDB。

- PDB 是一个标准的命令行调试器。

- pdb.set_trace() 方法可以停止程序的执行并进入调试器。

- 当执行到调试器中时，REPL 的提示将变为"(Pdb)"。

- 你可以通过输入 help 来访问 PDB 的内置帮助系统。

- 你可以使用 python -m pdb、后加脚本名称在 PDB 中从一开始就运行一个程序。

- PDB 的 where 命令显示当前的调用堆栈。

- PDB 的 next 命令让执行继续到下一行代码。

- PDB 的 continue 命令让程序执行无限期地继续，直到你用 Ctrl+C 组合键来停止它。

- PDB 的 list 命令将显示你当前位置的源代码。

- PDB 的 return 命令恢复执行，直到当前函数结束。

- PDB 的 print 命令让你可以看到调试器中的对象的值。

- 使用 quit 命令可退出 PDB。

- divmod() 函数可以同时计算除法操作的商和余数。

- reverse() 函数可以反转一个序列。

- 可以将 -m 传递给 Python 命令，让模块作为脚本运行。

- 调试表明，Python 在运行时对所有内容求值。

- 请注意，可以使用带或不带圆括号的 `print`。不要惊慌，这不是 Python 2。在本章，`print` 是一个 PDB 命令，而不是 Python 3 的函数。

附录 A
虚拟环境

　　虚拟环境（virtual environment）是一个轻量级、包含 Python 的安装环境。虚拟环境的主要功能是允许不同的项目来控制已安装的 Python 包的版本，这不会干扰安装在同一主机上的其他 Python 项目。虚拟环境由一个目录组成，该目录包含一个现有 Python 安装的符号链接（UNIX）或一个副本（Windows），并且还包括一个空的 site-packages 目录，在这个目录中你可以安装特定于这个虚拟环境的 Python 包。虚拟环境的第二个功能是用户可以创建一个虚拟环境而无须系统管理员的权限，从而让用户可以方便地在本地安装软件包。第三个功能是不同的虚拟环境可以基于不同的 Python 版本，从而可以让用户更容易地在同一台计算机上测试 Python 3.4 和 Python 3.5 的代码。

　　如果使用 Python 3.3 或更高版本，那么你的系统上应该已经有了一个名为 venv 的模块。你可以通过在命令行运行以下代码来验证这一点：

```
$ python3 -m venv
usage: venv [-h] [--system-site-packages] [--symlinks | --copies]\
[--clear] [--upgrade] [--without-pip]
ENV_DIR [ENV_DIR ...]
venv: error: the following arguments are required: ENV_DIR
```

　　如果没有安装 venv，那么还有另一个工具——virtualenv 环境变量可供选择，它们的工作原理非常相似。你可以从 Python 包索引（PyPI）中得到它。我们将在附录 C 中讲解如何从 PyPI 中安装第三方软件包。你可以使用 venv 或者 virtualenv，这里使用 venv，因为它是内置在最新版本的 Python 中的。

A.1 创建虚拟环境

venv 的使用非常简单：只需指定包含新虚拟环境的目录的路径即可。该工具将创建新的目录并进行安装：

```
$ python3 -m venv my_python_3_5_project_env
```

A.2 激活虚拟环境

创建虚拟环境后，你可以使用环境的 bin 目录中的 activate 脚本激活它。在 Linux 系统或 MacOS 系统上，你必须先找到这个脚本的源：

```
$ source my_python_3_5_project_env/bin/activate
```

而在 Windows 系统上你只要简单地运行它：

```
> my_python_3_5_project_env\bin\activate
```

一旦你这样做，提示符就会改变，提醒你正处于一个虚拟的环境中：

```
(my_python_3_5_project_env) $
```

运行 Python 时程序将执行来自虚拟环境的 Python。事实上，使用虚拟环境时，获得可预测的 Python 版本的最好方法是调用 python，而不必记住使用 python 代表 Python 2 和 python3 代表 Python 3。

一旦进入虚拟环境，你就可以正常工作，请确保安装好的软件包与系统 Python 以及其他虚拟环境隔离。

A.3 停用虚拟环境

要离开虚拟环境，请使用 deactivate 命令，该命令将返回到激活虚拟环境的父 shell：

```
(my_python_3_5_project_env) $ deactivate
$
```

A.4 其他与虚拟环境一起工作的工具

如果你经常使用虚拟环境，我们会建议你总是在独立的环境内工作，管理过多的环境就成了一件麻烦事。集成开发环境如 JetBrains 的 PyCharm 对创建和使用虚拟环境提供了极好的支持。在命令行中，我们推荐一个名为 virtualenv wrapper 的工具，一旦完成初始化配置，该工具就可以在依赖于不同虚拟环境的项目之间进行切换。

附录 B
打包与分发

打包和分发 Python 代码可能是一个复杂且有时令人困惑的任务，特别是当项目有很多的依赖关系，或者涉及比直接 Python 代码更特殊的组件时。但是，在很多情况下，别人以标准方式访问你的代码非常简单，我们将在本节中看到如何使用标准的 distutils 模块打包。distutils 的主要优点是它包含在 Python 标准库中。除了最简单的打包需求之外，你可能会想要查看一些设置工具，这些工具的功能超出了 distutils 的功能。

distutils 模块允许你编写一个简单的 Python 脚本，该脚本知道如何将 Python 模块安装到任何 Python 的安装目录中，包括托管在一个虚拟环境中。按照惯例，这个脚本叫作 setup.py，它位于项目结构的顶层。你可以执行这个脚本进行实际的安装。

B.1　使用 distutils 配置一个包

让我们来看一个 distutils 的简单例子。我们将为在第 11 章编写的 palindrome 模块创建一个基本的 setup.py 安装脚本。

要做的第一件事是创建一个目录来保存项目。该目录名为 palindrome：

```
$ mkdir palindrome
$ cd palindrome
```

在这个目录中放一份 palindrome.py 的副本：

```
"""palindrome.py - 检测回文数字"""
```

```python
import unittest

def digits(x):
    """将整数转换为数字列表。

    Args:
        x: 我们想要的数字。
    Returns: 数字的列表，按照"x"的顺序排列。

    >>> digits(4586378)
    [4, 5, 8, 6, 3, 7, 8]
    """
    digs = []
    while x != 0:
        div, mod = divmod(x, 10)
        digs.append(mod)
        x = div
    return digs

def is_palindrome(x):
    """确定一个整数是否是回文。

    Args:
        x: 需要进行回文检查的数字。
    Returns: 如果数字 "x" 是回文数就返回 True，否则返回 False。

    >>> is_palindrome(1234)
    False
    >>> is_palindrome(2468642)
    True
    """
    digs = digits(x)
    for f, r in zip(digs, reversed(digs)):
        if f != r:
    return False
    return True

class Tests(unittest.TestCase):
    """ ``is_palindrome()``函数的测试。"""
    def test_negative(self):
        """检查结果为错误返回 False。"""
        self.assertFalse(is_palindrome(1234))
```

```
    def test_positive(self):
        """检查结果为正确返回 Ture。"""
        self.assertTrue(is_palindrome(1234321))

    def test_single_digit(self):
        """对于一位的数字，检查能正常运行。"""
        for i in range(10):
            self.assertTrue(is_palindrome(i))

if __name__ == '__main__':
    unittest.main()
```

最后创建一个 setup.py 脚本：

```
from distutils.core import setup
setup(
    name = 'palindrome',
    version = '1.0',
    py_modules = ['palindrome'],
    # metadata
    author = 'Austin Bingham',
    author_email = 'austin@sixty-north.com',
    description = 'A module for finding palindromic integers.',
    license = 'Public domain',
    keywords = 'palindrome',
)
```

文件的第一行从 distutils.core 模块导入我们需要的功能，即 setup() 函数。
这个函数完成所有的安装代码的工作，所以我们需要告诉它需要安装的代码。当然，我
们通过向该函数传递参数来告诉它。

我们告诉 setup() 的第一件事就是这个项目的名字。在这种情况下，我们选择了
palindrome，但是你可以选择任何你喜欢的名字。一般来说，最简单的办法就是保持
名称与项目名称相同。

我们传递给 setup() 的下一个参数是版本。它也可以是任何你想要的字符串。
Python 不依赖于版本来遵循任何规则。

下一个参数 py_modules 可能是最令人关注的。我们用它来指定想要安装的 Python

模块。此列表中的每个条目都是不带 .py 扩展名的模块的名称。setup() 函数将查找匹配的 .py 文件并进行安装。所以，在这个例子中，我们已经要求 setup() 来安装 palindrome.py，它是项目中的一个文件。

我们在这里使用的其他参数是不言自明的，主要是为了帮助你正确地使用模块，并知道如果有问题要联系谁。

在开始使用 setup.py 之前，我们首先需要创建一个虚拟环境，并将模块安装到该环境中。在 palindrome 目录中，创建一个名为 palindrome_env 的虚拟环境：

```
$ python3 -m venv palindrome_env
```

创建完成后，就可以激活这个新的环境了。在 Linux 系统或 macOS 系统上，寻找这个激活脚本的源：

```
$ source palindrome_env/bin/activate
```

在 Windows 系统上就可以直接调用这个脚本：

```
> palindrome_env\bin\activate
```

B.2 使用 distutils 安装

现在已经有了 setup.py，可以用它来做一些有趣的事情了。可以做的第一件也是非常明显的事情就是将这个模块安装到虚拟环境中！通过将 install 参数传递给 setup.py 来完成此操作：

```
(palindrome_env)$ python setup.py install
running install
running build
running build_py
copying palindrome.py -> build/lib
running install_lib
copying build/lib/palindrome.py ->
/Users/sixty_north/examples/palindrome/palindrome_env/lib/python3.5/
sitepackages
byte-compiling
/Users/sixty_north/examples/palindrome/palindrome_env/lib/python3.5/si
```

```
tepackages/
    palindrome.py to palindrome.cpython-35.pyc
    running install_egg_info Writing
    /Users/sixty_north/examples/palindrome/palindrome_env/lib/python3.5/
sitepackages/
    palindrome-1.0-py3.5.egg-info
```

当调用 setup() 时，它会输出几行信息来告诉你它的进度。对于我们来说最重要的一行是将 palindrome.py 复制到安装文件夹中：

```
copying build/lib/palindrome.py ->
/Users/sixty_north/examples/palindrome/palindrome_env/lib/python3.5/
sitepackages
```

第三方软件包，例如模块，通常安装在 Python 安装目录的 site-packages 目录中。所以安装工作看起来是正常的。

让我们运行 Python 来验证这一点，并看一下模块如何被导入。请注意，我们希望在执行此操作之前可以更改目录，否则当导入 palindrome 时，Python 将简单地将源文件加载到当前目录中：

```
(palindrome_env)$ cd ..
(palindrome_env)$ python
Python 3.5.2 (v3.5.2:4def2a2901a5, Jun 26 2016, 10:47:25)
[GCC 4.2.1 (Apple Inc. build 5666) (dot 3)] on darwin
Type "help", "copyright", "credits" or "license" for more information.
>>> import palindrome
>>> palindrome.__file__
'/Users/sixty_north/examples/palindrome/palindrome_env/lib/python3.5/
sitepackages/palindrome.py'
```

在这里，我们使用模块中的 __file__ 属性来查看模块从哪里导入，可以看到正在从虚拟环境的 site-packages 导入模块，这正是我们想要的。

退出 Python REPL 之后，不要忘记切换回源代码目录：

```
(palindrome_env)$ cd palindrome
```

B.3　使用 **distutils** 打包

setup() 的另一个有用的功能是它可以创建各种类型的"分发"格式。它将采用你指定的所有模块，并将其捆绑到易于分发给其他人的软件包中。你可以使用 sdist 命令（这是 source distribution 的缩写）执行此操作：

```
(palindrome_env)$ python setup.py sdist --format zip
running sdist
running check
warning: check: missing required meta-data: url

warning: sdist: manifest template 'MANIFEST.in' does not exist (using
default file list)

warning: sdist: standard file not found: should have one of README,
README.txt

writing manifest file 'MANIFEST'
creating palindrome-1.0
making hard links in palindrome-1.0...
hard linking palindrome.py -> palindrome-1.0
hard linking setup.py -> palindrome-1.0
creating dist
creating 'dist/palindrome-1.0.zip' and adding 'palindrome-1.0' to it
adding 'palindrome-1.0/palindrome.py'
adding 'palindrome-1.0/PKG-INFO'
adding 'palindrome-1.0/setup.py'
removing 'palindrome-1.0' (and everything under it)
```

如果看一下程序，你就会看到这个命令创建了一个新的目录 dist，其中包含新生成的分发文件：

```
(palindrome_env) $ ls dist
palindrome-1.0.zip
```

解压这个文件，我们就会看到它所包含的项目的源码以及 setup.py 脚本：

```
(palindrome_env)$ cd dist
(palindrome_env)$ unzip palindrome-1.0.zip
Archive: palindrome-1.0.zip
```

```
    inflating: palindrome-1.0/palindrome.py
    inflating: palindrome-1.0/PKG-INFO
    inflating: palindrome-1.0/setup.py
```

你现在可以把这个 zip 文件发送给任何想要使用你的代码的人，他们可以使用 setup.py 将代码安装到他们自己的系统中。很方便！

请注意，sdist 命令可以生成各种类型的分发。要查看可用选项，可以使用 --help-formats 选项：

```
(palindrome_env) $ python setup.py sdist --help-formats
List of available source distribution formats:
  --formats=bztar bzip2'ed tar-file
  --formats=gztar gzip'ed tar-file
  --formats=tar uncompressed tar file
  --formats=zip ZIP file
  --formats=ztar compressed tar file
```

这一节只是涉及 distutils 的基础知识。你可以通过传递 --help 到 setup.py 来找到更多有关如何使用 distutils 的信息：

```
(palindrome_env) $ python setup.py --help

Common commands: (see '--help-commands' for more)

  setup.py build will build the package underneath 'build/'
  setup.py install will install the package

Global options:
  --verbose (-v) run verbosely (default)
  --quiet (-q) run quietly (turns verbosity off)
  --dry-run (-n) don't actually do anything
  --help (-h) show detailed help message
  --command-packages list of packages that provide distutils commands

Information display options (just display information, ignore any commands)
  --help-commands list all available commands
  --name print package name
  --version (-V) print package version
  --fullname print <package name>-<version>
  --author print the author's name
  --author-email print the author's email address
```

```
    --maintainer print the maintainer's name
    --maintainer-email print the maintainer's email address
    --contact print the maintainer's name if known, else the author's
    --contact-email print the maintainer's email address if known, else
the author's
    --url print the URL for this package
    --license print the license of the package
    --licence alias for --license
    --description print the package description
    --long-description print the long package description
    --platforms print the list of platforms
    --classifiers print the list of classifiers
    --keywords print the list of keywords
    --provides print the list of packages/modules provided
    --requires print the list of packages/modules required
    --obsoletes print the list of packages/modules made obsolete

usage: setup.py [global_opts] cmd1 [cmd1_opts] [cmd2 [cmd2_opts] ...]
   or: setup.py --help [cmd1 cmd2 ...]
   or: setup.py --help-commands
   or: setup.py cmd -help
```

对于很多简单的项目，你会发现本节知识已经涵盖了几乎所有你需要知道的。

附录 C
安装第三方包

Python 的打包有一个混乱并且令人困惑的历史。值得庆幸的是，现在情况已经稳定下来，一个名为 pip 的工具应运而生，该工具已经成为 Python 软件包安装工具中明显的领导者。对于依赖于 Numpy 或 Scipy 软件包的数字或科学计算等更多专业用途，你应该考虑使用 Anaconda，这是一个强大的 pip 替代品。

C.1　安装 pip

在本附录中，我们将重点介绍 pip，因为它是 Python 核心开发人员官方支持的，并且开箱即用。尽管 pip 不是用 Python 发布的，但是 Python 包含一个名为 ensurepip 的安装 pip 的工具。这样做是为了将 pip 安装到不同版本的 Python 语言和标准库中。

通常不需要在最近的 Python 版本中安装 pip，因为在安装 Python 或创建新的虚拟环境时，系统会自动调用 ensurepip。如果由于某种原因你需要手动安装 pip，那么可以简单地调用以下命令：

```
$ python -m ensurepip
```

ensurepip 模块会完成安装。请记住，该 pip 将被安装到你所调用的 python 解释器的相对应的环境中。

C.2　Python 包索引

pip 工具可用于搜索中央资源库（Python 包索引，简称 PyPI，昵称 Cheeseshop）中的软件包，然后下载并安装它们以及它们所依赖的包。你可以通过 Python 官网进行下载。这种安装 Python 软件的方式非常方便，了解如何使用它很有用。

使用 pip 安装

我们将通过安装 nose 测试工具来演示如何使用 pip。nose 命令是一种强大的测试工具，它会运行基于单元测试的测试用例，例如我们在第 10 章中开发的那些测试用例。它真正有用的功能就是发现所有的测试并运行它们。这意味着你不需要在你的代码中添加 unittest.main()，你可以用 nose 找到并运行测试。

首先，我们需要做一些基础工作。创建一个虚拟环境（参考附录 B），这样就不会无意中将 Python 安装到系统中了。使用 pyenv 创建一个虚拟环境，并激活它：

```
$ python3 -m venv test_env
$ source activate test_env/bin/activate
(test_env) $
```

由于 pip 的更新比 Python 的更频繁，所以在任何新的虚拟环境中升级 pip 是一个好习惯，来更新它吧。幸运的是，pip 能够自我更新：

```
(test_env) $ pip install --upgrade pip
Collecting pip
  Using cached pip-8.1.2-py2.py3-none-any.whl
Installing collected packages: pip
  Found existing installation: pip 8.1.1
    Uninstalling pip-8.1.1:
      Successfully uninstalled pip-8.1.1
Successfully installed pip-8.1.2
```

如果自上次升级以来 pip 已有新版本可用，而你没有升级，那么每次使用它时，它都会发出警告。

现在让我们用 pip 来安装 nose。pip 使用子命令决定要做什么，并使用 pip

install package-name 决定要安装哪个模块：

```
(test_env) $ pip install nose
Collecting nose
Downloading nose-1.3.7-py3-none-any.whl (154kB)
100% |                                      | 163kB
2.1MB/s
Installing collected packages: nose
Successfully installed nose-1.3.7
```

如果安装成功，我们就可以在虚拟环境中使用 nose 了。通过在 REPL 中导入 nose 并检查它的安装路径来检查它是否可用：

```
(test_env) $ python
Python 3.5.2 (v3.5.2:4def2a2901a5, Jun 26 2016, 10:47:25)
[GCC 4.2.1 (Apple Inc. build 5666) (dot 3)] on darwin
Type "help", "copyright", "credits" or "license" for more information.
>>> import nose
>>> nose.__file__
'/Users/sixty_north/.virtualenvs/test_env/lib/python3.5/sitepackages/
nose/__init__.py'
```

与安装模块一样，nose 将 nosetests 程序安装在虚拟环境的 bin 目录中。为了更好地演示，我们使用 nosetests 来运行第 11 章中的 palindrome.py 的测试：

```
(test_env) $ cd palindrome
(test_env) $ nosetests palindrome.py
...
----------------------------------------------------------------------
Ran 3 tests in 0.001s

OK
```

C.3 使用 pip 安装本地包

你也可以使用 pip 从文件中的本地包进行安装，而不是从 Python 包索引中安装。要做到这一点，只需将打包的分发包的文件名传递给 pip install 即可。例如，在附录 B 中，我们展示了如何使用 distutils 来构建所谓的源代码分发。要使用 pip 来安装，请执行以下操作：

```
(test_env) $ palindrome/dist
(test_env) $ pip install palindrome-1.0.zip
```

C.4　卸载包

使用 pip 安装软件包而不直接调用源码分发中的 setup.py 的一个关键优点是：pip 知道如何卸载软件包。只需使用 uninstall 子命令：

```
(test_env) $ pip uninstall palindrome-1.0.zip
Uninstalling palindrome-1.0:
Proceed (y/n)? y
Successfully uninstalled palindrome-1.0
```

后记
——刚刚开始

正如本书开始所说的，Python 是一门宏大的语言。本书的目标就是正确地带你入门，让你掌握基础，你不仅需要有效地使用 Python 编程，而且要用 Python 来引导你自己的发展。希望我们已经达到了这个目的！

我们鼓励你尽可能使用你从本书学到的知识。实践这些技能才是掌握这些技能的唯一方法，我们相信，在你使用该语言时，你会更加欣赏 Python。也许你可以立即在工作中使用 Python，但是如果没有，那么有无数的开源项目会等待你的帮助。或者你可以开始你自己的项目！有很多方法可以获得 Python 的开发经验，真正的问题是找到一个最适合你的方法。

当然，这本书并没有涵盖 Python 的很多高级特性。我们即将出版的书 *The Python Journeyman* 和 *The Python Master* 将着眼于许多在这里没有涉及的更高级的主题，所以当你准备好了解更多时，可以看看这这两本书。或者，如果你有兴趣以其他形式学习 Python，请务必查看 Pluralsight 上的 *Python Fundamentals, Python: Beyond the Basics* 以及 *Advanced Python*。如果你有更多的实际需求，我们还通过 Sixty North 公司提供内部 Python 培训和咨询服务。无论你与 Python 的旅程如何，我们真诚希望你会喜欢这本书。

Python 这门语言有着非常棒的社区，我们希望你能像我们一样从社区中获得尽可能多的乐趣。快乐编程！